中国民居建筑丛书

广西民居

雷 翔 主编

中国建筑工业出版社

图书在版编目（CIP）数据

广西民居／雷翔主编.—北京：中国建筑工业出版社，2009
（中国民居建筑丛书）
ISBN 978-7-112-10942-5

I．广··· II．雷··· III．民居－建筑艺术－广西 IV.TU241.5

中国版本图书馆CIP数据核字(2009)第063686号

责任编辑：唐　旭
责任设计：董建平
责任校对：刘　钰　陈晶晶

中国民居建筑丛书
广西民居
雷　翔　主编
＊
中国建筑工业出版社出版、发行（北京西郊百万庄）
各地新华书店、建筑书店经销
北京圣彩虹制版印刷技术有限公司制版
北 京 中 科 印 刷 有 限 公 司 印 刷
＊
开本：880×1230毫米　1/16　印张：15¼　字数：488千字
2009年8月第一版　2015年4月第二次印刷
定价：98.00元
ISBN 978-7-112-10942-5
　　　　　　(18184)

《中国民居建筑丛书》编委会

主　任：王珮云

副主任：沈元勤　陆元鼎

总主编：陆元鼎

编　委（按姓氏笔画为序）：

丁俊清　王　军　王金平　王莉慧　业祖润　曲吉建才

朱良文　李东禧　李先逵　李晓峰　李乾朗　杨大禹

杨新平　陆　琦　陈震东　罗德启　单德启　周立军

徐　强　黄　浩　雍振华　雷　翔　谭刚毅　戴志坚

总序——中国民居建筑的分布与形成

陆元鼎

先秦以前，相传中华大地上主要生存着华夏、东夷、苗蛮三大文化集团，经过连年不断的战争，最终华夏集团取得了胜利，上古三大文化集团基本融为一体，形成一个强大的部族，历史上称为夏族或华夏族。

春秋战国时期，在东南地区还有一个古老的部族称为"越"或"於越"，以后，越族逐渐为夏族兼并而融入华夏族之中。

秦统一各国后，到汉代，我国都用汉人、汉民的称呼，当时，它还不是作为一个民族的称呼。直到隋唐，汉族这个名称才基本固定下来。

历史上的汉族与我国现代的汉族的含义不尽相同。历史上的汉族，实际上从大部族来说它是综合了华夏、东夷、苗蛮、百越各部族而以中原地区华夏文化为主的一个民族。其后，魏晋南北朝时期，西北地带又出现乌桓、匈奴、鲜卑、羯、氐、羌等族，南方又有山越、蛮、俚、僚、爨等族，各民族之间经过不断的战争和迁徙、交往达到了大融合，成为统一的汉民族。

汉族地区的发展与分布

汉族祖先长时间来一直居住在以长安京都为中心的中原地带，即今陕、甘、晋、豫地区。东汉——两晋时期，黄河流域地区长期战乱和自然灾害，使人民生活困苦不堪。永嘉之乱后，大批汉人纷纷南迁，这是历史上第一次规模较大的人口迁徙。当时大量人口从黄河流域迁移到长江流域，他们以宗族、部落、宾客和乡里等关系结队迁移。大部分西移到江淮地区，因为当时秦岭以南、淮河和汉水流域的一片土地还是相对比较稳定。也有部分人民南迁到太湖以南的吴、吴兴、会稽三郡，也有一些迁入金衢盆地和抚河流域。再有部分则沿汉水流域西迁到四川盆地。

隋唐统一中原，人民生活渐趋稳定和改善，但周边民族之间的战争和交往仍较频繁。周边民族人民不断迁入中原，与中原汉人杂居、融合，如北方的一些民族迁入长安、洛阳和开封、太原等地。也有少部分迁入陕北、甘肃、晋北、冀北等地。在西域的民族则东迁到长安、洛阳，东北的民族则向南入迁关内。通过移民、杂居、通婚，汉族和周边民族之间加强了经济、文化，包括农业、手工业、生活习俗、语言、服饰的交往，可以说已经融合在汉民族文化之内而没有什么区别。到北宋时期，中原文献中已没有突厥、胡人、吐蕃、沙陀等周边民族成员的记载了。

北方汉族人民，以农为本，大多安定本土，不愿轻易离开家乡。但是到了唐中叶，北方战乱频繁，土地荒芜，民不聊生。安史之乱后，北方出现了比西晋末年更大规模的汉民南迁。当时，在迁移的人群中，不但有大量的老百姓，还有官员和士大夫，而且大多是举家举族南迁。他们的迁移路线，根据史籍记载，当时南迁大致有东中西三条路线。

东线：自华北平原进入淮南、江南，再进入江西。其后再分两支，一支沿赣江翻越大庾岭进入岭南，一支翻越武夷山进入福建。

东线移民渡过长江后，大致经两条路线进入江西。一支经润州（今镇江市）到杭州，再经浙西婺州（今金华市）、衢州入江西信州（今上饶市）；另一条自润州上到升州（今南京市），沿长江西上，在九江入鄱阳湖，进入江西。到达江西境内的移民，有的迁往江州（今南昌市）、筠安（今高安）、抚州（今临川市）、袁州（今宜春市）。也有的移民，沿赣江向上到虔州（今赣州市）以南翻越大庾岭，进入浈昌（今广东省南雄县），经韶州（今韶关市）南行入广州。另一支从虔州向东折入章水河谷，进入福建汀州（今长汀县）。

中线：来自关中和华北平原西部的北方移民，一般都先汇集到邓州（今河南邓县）和襄州（今湖北襄樊市）一带，然后再分水陆两路南下。陆路经过荆门和江陵，渡长江，从洞庭湖西岸进入湖南，有的再到岭南。水路经汉水，到汉中，有的再沿长江西上，进入蜀中。

西线：自关中越秦岭进入汉中地区和四川盆地，途中需经褒斜道、子午道等栈道，道路崎岖难行。由于它离长安较近，虽然，它与外界山脉重重阻隔，交通不便，但是，四川气候温和，土地肥沃，历史上包括唐代以来一直是经济、文化比较发达的地区，相比之下，蜀中就成为关中和河南人民避难之所。因此，每逢关中地区局势动荡，往往就有大批移民迁入蜀中。而每当局势稳定，除部分回迁外，仍有部分士民、官宦子弟和从属以及军队和家属留在本地。虽然移民不断增加但大量的还是下层人民，上层贵族官僚西迁的仍占少数。

从上述三线南迁的过程中，当时迁入最多的是三大地区，一是江南地区，包括长江以南的江苏、安徽地区和上海、浙江地区；二是江西地区；三是淮南地区，包括淮河以南、长江以北的江苏、安徽地带。福建是迁入的其次地区。

淮南为南下移民必经之地。由于它离黄河流域稍远，当时该地区还有一定的稳定安宁时期，因此，早期的移民在淮南能有留居的现象。但是随着战争的不断蔓延和持续，淮南地区的人民也不得不再次南迁。

在南方入迁地区中，由于江南比较安定，经济上有一定的富裕，如越州（今浙江绍兴）、苏州、杭州、升州（今南京）等地，因此导致这几个地区人口越来越密。其次是安徽的歙州（今歙县地区）、婺州（今浙江金华市）、衢州，由于这些地方是进入江西、福建的交通要道，北方南下的不少移民都在此先落脚暂居，也有不少就停留在当地落户成为移民。

当然，除了上述各州之外，在它附近诸州也有不少移民停留，如江南的常州、润州（今江苏镇江）、淮南的扬州、寿州（今安徽寿县）、楚州（今江苏淮河以南盱眙以东地区）、江西的吉州（今吉安市）、饶州（今景德镇市）、福建的福州、泉州、建州（今建阳市）等。这些移民长期居留在州内，促进了本地区的经济和文化的发展，因此，自唐代以来，全国的经济文化重心逐渐移向南方是毫无异议的。

北宋末年，金兵骚扰中原，中州百姓再一次南迁，史称靖康之乱。这次大迁移是历史以来规模最大的一次，估计达到三百万人南下。其中一些世代居住在开封、洛阳的高官贵族也陆续南迁。这次迁移的特点是迁徙面更广更长，从州府县镇，直到乡村，都有移民足迹。

历史上三次大规模的南迁对南方地区的发展具有重大意义。三次移民中，除了宗室、贵族、官僚地主、宗族乡里外，还有众多的士大夫、文人学者，他们的社会地位、文化水平和经济实力较高，到达南方后，无论在经济上、文化上，都使南方地区获得了明显地提高和发展。

南方地区民系族群的形成就是基于上述原因。它们既有同一民族的共性，但是，不同民系地域，虽然同样是汉族，由于南北地区人口构成的历史社会因素、地区人文、习俗、环境和自然条件的差异，都会给族群、给居住方式带来不同程度的影响，从而，也形成了各地区不同的居住模式和特色。

民系的形成不是一朝一夕或一次性形成的，而是南迁汉民到达南方不同的地域后，与当地土著人民融洽、沟通、相互吸取优点而共同形成的。即使在同一民系内部，也因南迁人口的组成、家渊以及各自历史、社会和文化特质的不同而呈现出地域差别。在同一民系中，由于不同的历史层叠，形成较早的民系可能保留较多古老的历史遗存。如越海民系，它在社会文化形态上就会有更多的唐宋甚至明清、各时期的特色呈现。也有较晚形成的民系，在各种表现形态上可能并不那么古老。也有的民系，所在区域僻处一隅，地理位置比较偏僻，长期以来与外界交往较少，因而，受北方文化影响相对较少。如闽海民系，在它的社会形态中会保留多一些地方土著特点。这就是南方各地区形态中保留下来的这种文化移入的持续性、文化特质的层叠性，同时又有文化形态的区域差异性。

历史上，移民每到一个地方都会存在着一个新生环境问题，即与土著社群人民的相处问题。实际上，这是两个文化形体总合力量的沟通和碰撞，一般会产生三种情况：一、如果移民的总体力量凌驾于本地社群之上，他们会选择建立第二家乡，即在当地附近地区另择新点定居；二、如果双方均势，则采用两种方式，一是避免冲撞而选择新址另建第二家乡，另一是采取中庸之道彼此相互掺入，和平地同化，共同建立新社群；三、如果移民总体力量较小，在长途跋涉和社会、政治、经济压力下，他们就会采取完全学习当地社群的模式，与当地社群融合、沟通，并共同生存、生活在一起。当然，也会产生另一情况，即双方互不沟通，在这种极端情况下，移民被迫为了保护自己而可能另建第二家乡。

在北方由于长期以来中原地区和周边民族的交往沟通，基本上在中原地区已融合成为以中原文化为主的汉民族，他们以北方官话为共同方言，崇尚汉族儒学礼仪，基本上已形成为一个广阔地带的北方民系族群。但是，如山西地区，由于众多山脉横贯其中，交通不便，当地方言比较悬殊，与外界交往沟通也比较困难，在这种特殊条件下，形成了在北方大民系之下的一个区域地带。

到了清末，由于我国唐宋以来的州和明清以来的府大部分保持稳定，虽然，明清年代还有"湖广填四川"和各地移民的情况，毕竟这是人口调整的小规模移民。但是，全国地域民系的格局和分布都已基本定型。

民族、民系、地域在形成和发展过程中，由稳定到定型，必然需要建造宅居。宅居建筑是人类满足生活、生存最基本的工具和场所。民居建筑形成的因素很多，有社会因素、经济物质因素、自然环境因素，还有人文条件因素等。在汉族南方各地区中，由于历史上的大规模的南迁，北方人民与南方土著社群人民经过长期来的碰撞、沟通和融合，对当地土著社群的人口构成、经济、文化和生产、生活方式、礼仪习俗、语言（方言），以及居住模式都产生了巨大的影响和变化。对民居建筑来说，由于自然条件、地理环境以及社会历史、文化、习俗和审美的不同，也导致了各地民居类型、居住模式既有共同特征的一面，也有明显的差异性，这就是我国民居建筑之所以呈现出丰富多彩、绚丽灿烂的根本原因。

少数民族地区的发展与分布

我国少数民族分布，基本上可以分为北方和南方两个地区。现代的少数民族与古代的少数民族不同，他们大多是从古代民族延伸、融合、发展而来。如北方的现代少数民族，他们与古代居住在北方的沙漠和山林地带的乌孙、突厥、回纥、契丹、肃慎等民族有着一定的渊源关系，而南方的现代少数民族则大多是由古代生活在南方的百越、三苗和从北方南迁而来的氐羌、东夷等民族发展演变而来。他们与汉族共同组成了中华民族，也共同创造了丰富灿烂的中华文化。

我国的西北部土地辽阔，山脉横贯，古代称为西域，现今为新疆维吾尔自治区。公元前2世纪，匈奴民族崛起，当时西域已归入汉代版图。唐代以后，漠北的回鹘族逐渐兴起，成为当时西域的主体民族，延续至今即成为现在的维吾尔族。

我国北方有广阔的草原，在秦汉时代是匈奴民族活动的地方。其后，乌桓、鲜卑、柔然民族曾在此地崛起，直至6世纪中叶柔然汗国灭亡。之后，又有突厥、回鹘、女真等在此活动。12～13世纪，女真族建立金朝。其后，与室韦—鞑靼族人有渊源关系的蒙古各部在此开始统一，延续至今，成为现代的蒙古族。

在我国西北地区分布面较广的还有一个民族叫回族。他们聚居的区域以宁夏回族自治区和甘肃、青海、新疆及河南、河北、山东、云南等省较多。

回族的主要来源是在13世纪初，由于成吉思汗的西征，被迫东迁的中亚各族人、波斯人、阿拉伯人以及一些自愿来的商人，来到中国后，定居下来，与蒙古、畏兀儿、唐兀、契丹等民族有所区别。他们逐渐与汉人、畏兀儿人、蒙古人，甚至犹太人等，以伊斯兰教为纽带，逐渐融合而成为一个新的民族，即回族。可见回族形成于元代，是非土著民族，长期定居下来延续至今。

在我国的东北地区，史前时期有肃慎民族，西汉称为挹娄，唐代称为女真，其后建立了后金政权。1635年，皇太极继承了后金皇位后，将族名正式定为满族，一直延续至今即现代的满族。

朝鲜族于19世纪中叶迁到我国吉林省后，延续至今。此外，东北地区还有赫哲族、鄂伦春族、达斡尔族等，他们人数较少，但是，他们民族的历史悠久可以追溯到古代的肃慎、契丹民族和北方的通古斯人。

在西南地区，据史书记载，古羌人是祖国大西北最早的开发者之一，战国时期部分羌人南下，向金沙江、雅砻江一带流徙，与当地原著族群交流融合逐渐发展演变为羌、彝、白、怒、普米、景颇、哈尼、纳西等民族的核心。苗、瑶族的先民与远古九寨、三苗有密切关系，经过长期频繁的辗转迁徙，逐步在湖南、湖北、四川、贵州等地区定居下来。畲族亦属苗瑶语族，六朝至唐宋，其先民已聚居在闽粤赣三省交界处。东南沿海地区的越部落集团，古代称为"百越"，它聚居在两广地区，其后，向西延伸，散及贵州、云南等地，逐渐发展演变为壮、傣、布依、侗等民族。"百濮"是我国西南地区的古老族群，其分布多与"百越"族群交错杂居，逐渐发展为现今的佤族等民族。

我国西南地区青藏高原有着举世闻名的高山流水，气象万千的林海雪原，更有着丰富的矿产资源，世界最高峰珠穆朗玛峰耸立在喜马拉雅山巅，从西藏先后发现旧石器到新石器时代遗址数十处，证明至少在5万年前，藏族的先民就繁衍生息在当今的世界屋脊之上。

据史书记载，藏族自称博巴，唐代译音为"吐蕃"。公元7世纪初建立王朝，唐代译为吐蕃王朝，族群大多居住在青藏高原，也有部分住在甘肃、四川、云南等省内，延续至今即为现在的藏族。

羌族是一个历史悠久的古老民族，分布广泛，支系繁多。古代羌族聚居在我国西部地区现甘肃、青海一带。春秋战国时期，羌人大批向西南迁徙，在迁徙中与其他民族同化，或与当地土著结合，其中一支部落迁徙到了岷山江上游定居，发展而成为今日羌族。他们的聚居地区覆盖四川省西北部的汶川、理、黑水、松潘、丹巴和北川等七个县。

彝族族源与古羌人有关，两千年前云南、四川已有彝族先民，其先民曾建立南诏国，曾一度是云南地区的文化中心。彝族分布在云、贵、川、桂等地区，大部分聚居在云南省内，几乎在各县都有分布，比较集中在楚雄、红河等自治州内。

白族在历史发展过程中，由大理地区的古代土著居民融合了多种民族，包括西北南下的氐羌人，历代不断移居大理地区的汉族和其他民族等，在宋代大理国时期已形成了稳定的白族共同体。其聚居地主要在云贵高原西部，即今云南大理地区。

纳西族历史文化悠久，它也渊源于南迁的古氐羌人。汉以前的文献把纳西族称为"牦牛种"、"旄牛夷"，晋代以后称为"摩沙夷"、"么些"、"么梭"。过去，汉族和白族也称纳西族为"么梭"、"么些"。"牦"、"旄"、"摩"、"么"是不同时期文献所记载的同一族名。建国后，统一称"纳西族"。现在的纳西族聚居地主要集中在云南的金沙江畔、玉龙山下的丽江坝、拉市坝、七河坝等坝区及江边河谷地区。

壮族具有悠久的历史，秦汉时期文献记载我国南方百越群中的西瓯、骆越部族就是今日壮族的先民。其聚居地主要在广西壮族自治区境内，宋代以后有不少壮族居民从广西迁滇，居住在云南文山州。

傣族是云南的古老居民，与古代百越有族源关系。汉代其先民被称为"滇越"、"掸"，主要聚居地在云南南部的西双版纳自治州和西南部的德宏自治州内。

布依族是一个古老的本土民族，先民古代泛称"僚"，主要分布在贵州南部、西南部和中部地区，在四川、云南也有少数人散居。

侗族是一个古老的民族，分布在湘、黔、桂毗连地区和鄂西南一带，其中一半以上居住在贵州境内。古代文献中有不少关于洞人（峒人）、洞蛮、洞苗的记载，至今还有不少地区保留"洞"的名称，后来"峒"或"洞"演变为对侗族的专称。

很早以前，在我国黄河流域下游和长江中下游地区就居住着许多原始人群，苗族先民就是其中的一部分。苗族的族属渊源和远古时代的"九黎"、"三苗"等有着密切的关系。据古文献记载，"三苗"等应该都是苗族的先民。早期的"三苗"由于不断遭到中原的进攻和战争，苗族不断被迫迁徙，先是由北而南，再而由东向西，如史书记载说"苗人，其先自湘窜黔，由黔入滇，其来久有"。西迁后就聚居在以沅江流域为中心的今湘、黔、川、鄂、桂五省毗邻地带，而后再由此迁居各地。现在，他们主要分布在以贵州为中心的贵州、云南、四川和湖南、湖北、广西等各省山区境内。

瑶族也是一个古老的民族，为蚩尤九黎集团、秦汉武陵蛮、长沙蛮的后裔，南北朝称"莫瑶"，这是瑶族最早的称谓。华夏族入中原后，瑶族就翻山越岭南下，与湘江、资江、沅江及洞庭湖地区的土著民族融合而成为当今的瑶族。现都分散居住在广西、广东、湖南、云南、贵州、江西等省区境内。

据考古发掘，鄂西清江流域十万年前就有古人类活动，相传就是土家族的先民栖息场所。清江、阿蓬江、酉水、娄水源头聚汇之区是巴人的发祥地，土家族是公认的巴人嫡裔。现今的土家族都聚居于湖南、湖北、四川、贵州四省交会的武陵山区。

我国除汉族外有少数民族55个。以上只是部分少数民族的历史、发展分布与聚居地区，由于这些少数民族各有自己的历史、文化、宗教信仰、生活习俗、民族审美爱好，又由于他们所处不同地区和不同的自然条件与环境，导致他们都有着各自的生活方式和居住模式，就形成了各民族的丰富灿烂的民居建筑。

为了更好地把我国各民族地区民居建筑的优秀文化遗产和最新研究成就贡献给大家，我们在前人编写的基础上进一步编写了一套更系统、更全面的综合介绍我国各地各民族的民居建筑丛书。

我们按下列原则进行编写：

1.按地区编写。在同一地区有多民族者可综合写，也可分民族写。

2.按地区写，可分大地区，也可按省写。可一个省写，也可合省写，主要考虑到民族、民居、类型是否有共同性。同时也考虑到要有理论、有实践、内容和篇幅的平衡。

为此，本丛书共分为18册，其中：

1.按大地区编写的有：东北民居、西北民居2册。

2.按省区编写的有：北京、山西、四川、两湖、安徽、江苏、浙江、江西、福建、广东、台湾共11册。

3.按民族为主编写的有：新疆、西藏、云南、贵州、广西共5册。

本书编写还只是阶段性成果。学术研究，远无止境，继往开来，永远前进。

前　言

一

　　广西民居多姿多彩、形态丰富，它深深地扎根于八桂大地，是各民族文化的展示，散发着独特的魅力。

　　广西环山靠海，既有山清水秀的风光，又有山崇水阔的景象，独特的地理成就了独特的文化区域，自古以来，在这块山川秀丽、物产丰饶的土地上，多民族世代和睦相处、生息劳作，形成了富有特色的民族文化及各民族文化的融合。目前，广西有十二个主要聚居民族，其中，壮、侗民族及其先民就一直与其他兄弟民族一起，共同创造了具有地方特色和富有成就的干栏文化、梯田文化、铜鼓文化、歌圩文化等等；在历代民族迁徙中，汉族及其他民族的迁入，给散发着骆越古风的文化大地增添了新的活力，使广西的民族文化更加包容万象，更为丰富多彩。

　　民居是民族文化的物质体现。民居作为居民遮风避雨、抵御侵害的庇护所，在民族文化不断发展过程中积淀成为民族物质文明和精神文明的表征之一，与图腾、服饰等成为民族文化的重要组成部分。各民族由于地理条件、精神信仰、社会历史等方面的不同，形成了不同民族文化，也造就了不同形态的民居，因此，风格迥异、特色鲜明的各族民居，既是广西人民智慧的结晶，又是广西民族文化的表现和社会历史的见证。原生态的广西民居，是中华建筑文化遗产中不可缺少的一部分，它以亲切的乡土风情、质朴率真的品格、与自然和谐共处的理念、富于创新的精神，充满了顽强的生命力，众多民居至今还与当地的现代生活息息相关。正因为此，广西民居丰富的历史文化价值、科学价值和艺术价值也逐渐为人们所发现和重视，同时，启发着人们对新建筑文化的创造。

　　然而，伴随着经济全球化和现代化的深入，钢筋混凝土、玻璃等现代建筑材料，国际风格等现代建筑形式开始落户广西乡间，人们接受现代建筑的同时，对传统民居进行了盲目改造甚至毁弃，这对广西的传统民居文化构成了严重的威胁。一些富有特色的民居及聚落已经消失，有的正处于濒危状态。

　　因此，如何认识广西民居的价值，如何抢救和保护民居文化遗产，如何改善乡村人居环境并促进地方社会经济的发展，如何彰显城市特色等等一系列问题，引起了城乡规划、建筑设计、文物保护及其他各方面专家的关注和政府决策者的重视，而运用新思维对广西民居进行深层次研究成为亟待深入的课题。

二

　　与宫殿建筑、宗教建筑等类型建筑的研究相比较，民居研究起步要晚很多。国外的民居研究，很大程度上受益于建筑师的自觉意识，同时也受惠于社会学家、地理学家及其他人文学者。从内容上看，国外民居研究所涉及的学科相当广泛，研究方法也因此多种多样，如：人文地理学的方法、文化人类学的方法、历史学的方法、社会学的方法、现象学的方法等等。这些研究方法的兼收并蓄，为民居研究打开了宽广的视阈，对其他历史建筑的研究也是大有裨益的。

与国外相比，国内传统民居的研究要晚一些。从 1929 年营造学社的建立开始，梁思成、刘敦桢等先生开创了中国传统建筑特有的研究方法；之后，我国的民居研究经历了 20 世纪 60 ~ 80 年代的贯通与深化阶段，民居建筑调查研究遍及全国大部分省、区、市和少数民族地区；从 20 世纪 80 年代至今，民居研究进入了全面与拓展阶段，呈现出民居研究与文史哲相结合、与环境形态相结合、与营造设计相结合、与保护利用相结合等特征。当前，传统民居研究的重点转移到"聚落"上，并从地理学、民族学、建筑学、生态学、系统论、心理学等新学科中抽取有用的知识，对聚落进行分析，着力探索其内在的历史规律，进而推动民居研究的深入发展。2004 年 6 月，第 28 届世界文化遗产大会在我国苏州召开，由于此次大会中联合国教科文组织倡导的"文化遗产申报"活动逐渐为人们所接受，一种新型的"遗产意识"将深化民居的研究。

在国内民居研究热这一大环境下，关于广西民居的研究也在 20 世纪八九十年代显示出它的生机，取得了一定的成果，也为民族文化的挖掘作出了一定的贡献。但是，由于某些地域、历史、环境和研究条件的限制，过去的研究多偏重于建筑平面、建筑造型、建筑装饰、空间组织等方面，而对构筑程序、构筑方法及其后面的建筑观念等论及较少，对影响建筑的自然环境、社会经济、文化环境、聚落空间形态等研究也相当薄弱，缺乏系统性。因此，本书的民居研究视角将从建筑物质形态扩展到聚落空间以及与之相关的社会经济、文化意义上，注重对民居建筑与规划理念的总结与借鉴，为民居研究提供参考，同时，为民居保护与利用、现代建筑创作和城市规划决策提供依据。

三

"民居"一词的使用较为广泛，但对其定义达成的共识较少。过去的民居概念仅限于乡村住宅，而今天，大多数专家学者认为它的内涵应扩大到城镇、村落中与居民生活息息相关的各类建筑，甚至是聚落本身，因而"民居"概念出现了狭义和广义之分。解释的不同，概念的混乱，其根源在于界定的不明晰。因此，我们将尝试对民居的界定。

从语文学的角度来看，"民居"偏义于"居"，而"民"对"居"进行了修饰，"民"是"居"的主体。"民"的经典运用是《孟子·尽心下》中的"民为贵，社稷次之，君为轻"，它指的是劳动人民和寻常百姓，与统治者"君"相对。与"民居"构词方式相似的相关词语还有"皇宫"、"官府"等。借助著名社会学家费孝通先生的"差序格局"原理[1]，我们有理由认为：从"皇"到"官"再到"民"，从"皇宫"到"官府"再到"民居"，三者之间同样构成了一个差序格局。在这个差序格局中，正如皇、官、民的地位和身份各不相同一样，皇、官、民的居住模式、建造规格也大不一样，其存在方式也不尽相同。中国传统建筑文化是这个差序格局的核心,它统率着一切中国建筑的外在形制和精神内核;皇宫建筑是离中国传统建筑文化核心最近的一个序列,它受中国传统建筑文化核心力的牵制最大,其形制、规模、建造程序等都严格遵从于传统建筑文化的精神;官府建筑次之;民居建筑离中国传统建筑文化核心渐远,受中国传统建筑文化核心力的牵制变弱,因而获得了建筑形制的最大自由度,有了更丰富的地域性、民族性、日常性和世俗性,这也是我们看到的民居形态多样性的原因。

从建构文化(Tectonic Culture)的角度来看,民居是乡土智慧的建筑表现。各个地方在自然环境、气候条件、生活方式、生产力水平等各方面的不同,形成了不同的营造思想和技术手段,因而建造出形态各异的居所,即各地民居类型存在一定的差异性,这种差异不仅在于外在形态,还在于内部结构。人们可能被窗户的装饰、屋顶的轮廓等外部特征所吸引,但它的真正独特之处不是那些不断变化的外部特征,而是存在于各种细部安排以及让一种思想情感所支配的内部秩序。一种民居形式常常是长期演变的结果,是世世代代乡村人们经验的总结,实际上也是一种适应农民生活、劳动的场所,是按前人的构思和布局传承下来的。随着物质舒适意识的传播,民居不断地改变着原有的形态,但一直不变的是它后面的精神力量和存在意志。

综上所述,我们对民居的认识拓展为:民居是中国传统建筑文化差序格局中的一个序列,是乡土智慧的建筑表现。

正是从上述对民居重新认识的角度出发,我们研究的民居范畴是当地居民的住房及其相应的配套公共建筑,这里的"当地"主要是指民居所处的村镇,"居民"包括普通老百姓、达官贵人和名人商贾,"住房"包括普通老百姓的房子和达官贵人的官邸,配套的公共建筑涉及祠堂、庙宇、桥梁、书院、亭台楼阁等等;在研究中,主要关注传统的居民住房,同时不忽略传统民居的现代形式。

四

在本书中,我们对广西民居进行了多角度的观察和多层次的分析,注重理论与实践结合,强调系统性和创新性,充分利用国内外民居研究的先进理论与理念,在人居环境科学理论、可持续发展理论和网络理论的支撑下,综合建筑学、城市规划、地理学、人类学、文化学、经济学、生态学、哲学、美学等多学科知识,采用了系统研究、比较分析、多学科合作、多部门协作、实证与实测、专家咨询、综合论证等科学方法,遵循"提出问题→文献收集→实地调查→理论分析→实践应用→目标完成"的技术路线,对广西民居进行广泛而深入的探讨。

研究的内容框架是:首先从广西民居的历史文脉出发,多角度廓清广西民居的类型,特别重视经济因素对广西民居形制的影响。在理顺广西民居与社会经济关系的同时,理清广西民居与民族文化的关系,展示广西民族的生活图景,揭示广西民居的文化内蕴。其次,从建筑和聚落两大部分对民居进行深入探讨与研究,详细分析了广西民居的聚落形态、空间结构、村落意象以及建筑特征。最后,鉴于民居研究对解决城乡规划、建筑创作、建设与管理等问题的作用,将广西民居保护利用的相关实例纳入书中,以凸显本研究对城乡建设实践的帮助和支持,使得广西民居研究更具现实意义。

五

本书是在2005年出版的《广西民居》(广西民族出版社出版)基础上修订和补充而成的。根据当下民居研究的进展情况及丛书的要求，并参考借鉴东南亚建筑研究[2]的经验，我们对原《广西民居》的结构和内容进行了部分调整和改动，主要体现在三个方面：1. 精简原《广西民居》的历史文化、社会经济等方面内容；2. 加强广西民居在营建思想、建造技术、建筑艺术等方面的研究；3. 增加原《广西民居》出版后所衍生的一些应用案例，使本书体现出研究成果与具体项目紧密结合的特点，也反映近年来业界对民居的关注和重视及民居研究成果运用的新进展。

2005 年版《广西民居》，我们主要希望全方位摸清广西民居资源，挖掘广西传统民居的优秀品质，建构广西民居评估体系，为广西民居保护与利用以及村镇规划建设实践建立理论依据，同时，为城乡规划与建设工作者提供参考，进而帮助他们在城乡规划和建设中突显地方风貌特色，提高城乡建设水平和综合竞争力。本书修编之时，我国在统筹城乡科学发展理论的指导下，新农村建设进入全面探索和实施阶段，因此，本书的修编思想也更具有现实的针对性。在 2005 年版的基础上，我们希望能够为营造和谐舒适的城乡人居环境提供理论参考和实践借鉴。同时，在举世哀泣的汶川 5 · 12 大地震中，一些民居的抗震能力和技术引起业界的关注，这也成为本书突出作为乡土智慧结晶的民居建筑技术的一个缘由，目的是希望赓续前人经验和智慧，能够为社会建造更为坚固、适用、美观的居所。

由于客观上的困难和我们本身的局限，本书难免存在疏漏和不足之处，恳请专家、读者赐教。

注释：

[1] 在表述中国乡土社会的基层结构特征时，费孝通先生使用了"差序格局"这一术语，受其启发，本书在界定"民居"概念时也运用了"差序格局"。参见费孝通著，《乡土中国——生育制度》，北京大学出版社，1998，P 24 ~ 30。

[2] 2006 ~ 2008 年，笔者主持开展了建设部软课题、广西科学研究与技术开发计划项目——东南亚建筑研究，其中的东南亚民居专题研究方法及成果对本书的修编有一定的参考价值和借鉴意义。参见雷翔、徐兵主编，《东南亚建筑与城市丛书》，东南大学出版社，2008；全峰梅、侯其强著，《居所的图景——东南亚民居》，东南大学出版社，2008。

目　　录

第一章　广西民居的生成背景

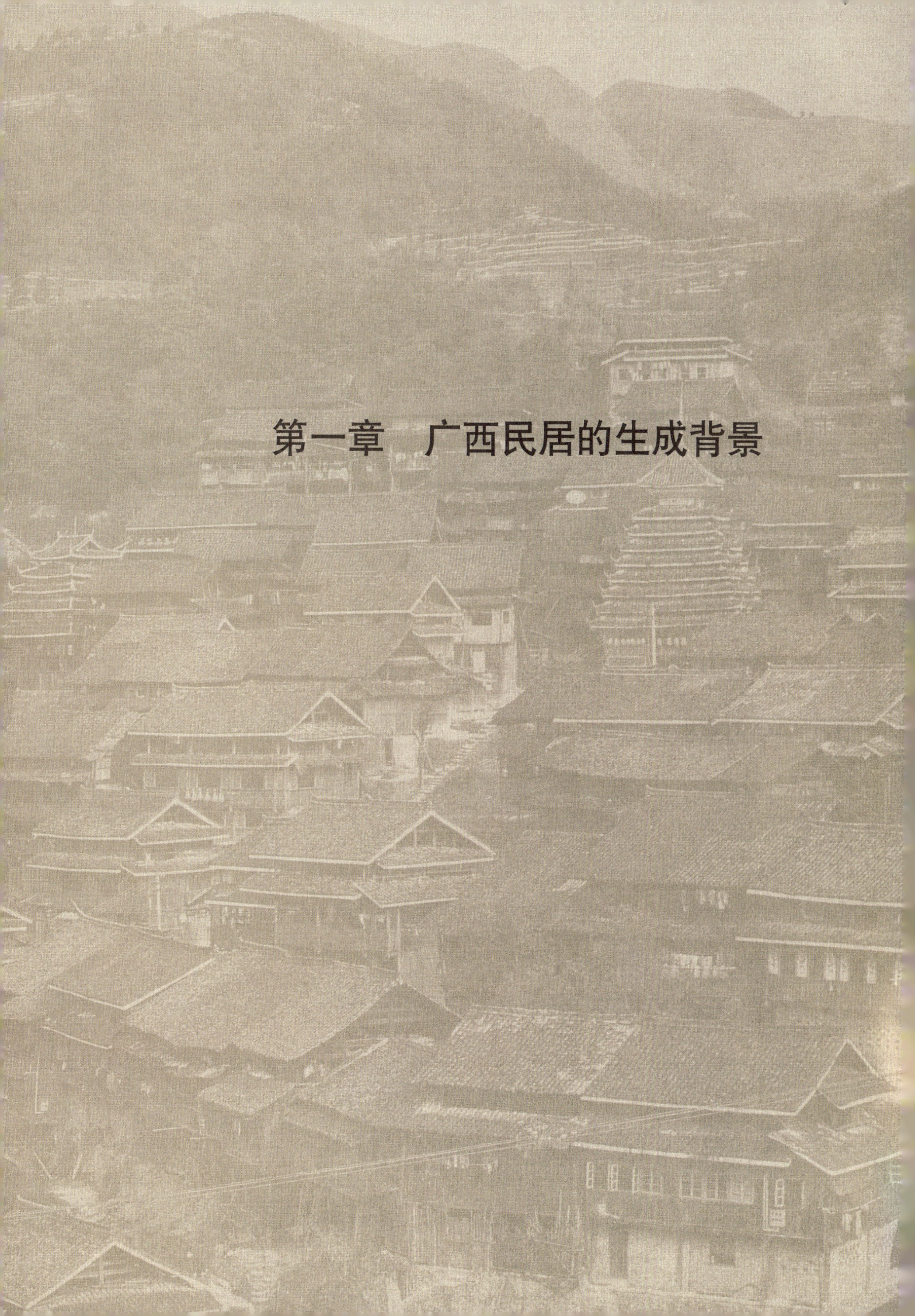

第一节　自然的限定

一、地理环境

文化的形成与特定的地理有密切的联系，不同的地理环境会促成不同的建筑文化。岭南地处亚热带，气候炎热，雨量充沛，水源丰富，土地湿润，植被茂密，特别是树林中的落叶经过日晒雨淋，就会产生一种瘴气，四处弥漫，严重威胁着人的健康。原始居民之所以要营建离地而居的干栏，就是因为这里的自然环境和气候条件决定的。也正因为如此，具有鲜明地方民族特色的干栏才得以世代传承下来。

广西地处岭南，位于中国南部，东南毗邻广东，西南与越南接壤，西部和西南部分别与云南、贵州相邻，东北与湖南交界，南临北部湾。境内高山环绕，丘陵绵延，中部和南部大面积丘陵一直向东延伸。总体而言，广西的地势特点是：山脉呈弧形分布，大致构成了不同的圈层，四周高中间低，形成了"广西盆地"；由于受到弧形山脉的分隔，广西境内山岭绵延，丘陵错综，平原狭小，平原面积占总面积的14%，而山地丘陵面积占总面积的近70%，因此，就有谚语"七山二水一分田"，以此来形象概括广西地形地貌（图1-1）。不同的地形地貌，造就不同的民居形制，如：桂北、桂西北、桂东北地区以山地丘陵为主，为保留少量平坦耕地，人们多利用坡地建房，再则森林覆盖率很高，林木资源丰富，常年气温较低，人们因此建造和发展了与之相适应的干栏建筑；而桂中、桂南、桂东南地区，大小相杂的盆地较多，平地面积较广，河流交错，人们也就多居住在平地、河边，建筑材料不及山地的木材丰

图1-1　广西境内喀斯特地貌

富，人们便因地制宜，采用泥、土、石料、木料相结合的方式来建造不同于干栏的房屋。

生态学在建设领域研究的是人类建造活动与自然的相互关系。从我们调查研究的广西民居建筑中可以看到：先民们根据世代积累的经验，在民居的建造中遵循自然法则，顺应自然规律，适度开发资源，珍惜土地和水源，重视居住生活环境的容量，达到人与自然生态的和谐（图1-2、图1-3）。

峒、丘陵和山区之中的居民，世代以农业经济为生。作为一个农业民族以及每一个聚落的居民群体，其生产和生活对于各种自然资源的需要，构成了一个环环相扣、相辅相成的综合体系。因此，广西先民在村寨选址和村寨营建中都非常讲究与生态的关系，对土地资源适度开发、合理使用，避免对生态自然的破坏，既维护了生态平衡，又保证了传统农业的可持续发展。

广西各民族聚落分布与环境容量也是和谐的。人们在选择聚居点的时候，根据地形的特点和可耕土地的容量来决定聚落分布的规模和距离。如平峒地区可耕土地面积大，人口容量大，所以聚落分布较为密集；较为偏僻的高山地区，群山绵延，层峦叠嶂，少有平地，先民们就在高山的山窝平台或高坡上建立聚落，并将山坡开辟成层层梯田，引山水自上而下灌溉田地，因而，其聚落分布稀疏，规模普遍较小。但不论是平峒地区分布较为密集、规模较大、人口较多的聚落，还是丘陵山区分布较为稀疏、规模较小的聚落，周围都有足够耕种的土地及宽阔的生活空间，能满足居民生活生产的需要。

图1-2　三江座龙寨，村寨与生态自然融合

图1-3 兴安水源头村，村落与生态和谐

二、水文条件

古代人们在选择居住时，往往在交通线周围自然形成聚落。在古代陆路交通不发达的情况下，水路就成为了重要的交通线。以水系为辐射，其周围就会形成经济、文化相对发达的地区。因此，水系对当地文化与各地文化的交流沟通有着重要的意义，更能促进当地民族文化的发展，形成相对成熟的民居形制与聚落。

广西雨量丰沛，河流众多，由于受盆地地形影响，总的来说，广西水系形成了以梧州为出口的西江呈叶脉状发散的格局，主要有五条支系，为红水河、左右江、柳江、桂江、西江等，这些江河的存在使沿江地区的经济、文化等随着历史的发展而发生着变化，特别是广西的四江带动了四座主要城市的发展，即桂林与桂江、南宁与邕江（西江上游）、柳州与柳江、梧州与西江。由于水路交通便利的程度和城市发展的程度不同，

广西民居类型分布呈现一定的规律性：交通不便利的山地主要为少数民族民居，例如红水河，由于峡谷险窄，交通不便，其发展相对较慢，汉族民居比较少，交通便利的地方汉式民居比较多，由于民族迁徙，这些地区的民居分布相对复杂，但也有一定的规律。俗话说："壮居水头，苗居山头，汉居地头"，各民族择地而建，成为村落，聚族而居，形成了奇特的聚落景观。

1. 红水河

红水河河道坡度大，水流湍急，不适合航运，水路交通不发达。但红水河进入桂中丘陵平原地区，河床平缓，耕地集中，历来是农业产区，孕育了以壮族文化为主体的多元文化（图1-4）。

2. 左右江

左江流域是壮族最集中的聚居区，史籍常以"左右江"或"左右江溪峒"、左右江羁麻州代表壮族或壮族先民地区。左江流域是广西自然生态

资源最丰富的地区之一，同时也是广西壮族民族
生态历史文化中心区。自古以来，明江、丽江（左
江）交汇处，是左江航道跨越中越两国的黄金水
道，因而有"江上丝绸之路"的美誉。据考证，
左江流域还是中、缅、泰、越等地"那文化圈"
的中心地带，独特的自然生态资源和沿江的花山
壁画更是使左江流域充满了自然和民族文化的灵
性（图1-5）。右江正源驮娘江，发源于云南广
南龙山，至邕宁合江村与左江汇合后称郁江，沿
江两岸及其支流因冲积而形成的右江平原，土地
肥沃，盛产粮食和甘蔗，有"桂西明珠"之称。
今田东平马镇为宋朝沟通中原与西南大理古国之
间的政治、经济、文化交流中心，是宋军战马的

图1-4　红水河一带的青蛙崇拜

图1-5　蕴涵丰富壮族文化的花山壁画

图1-6　漓江山水孕育着古老的漓江文化

主要购买场所，时称横山寨博易场。

3. 柳江

柳江流域气候温和，植被丰富，历来是川黔通两广的重要水道，经济文化发达；同时洞穴众多，是古代先民理想的栖息地，目前该水域内发现的大量古人类遗骨化石证明了这一点，柳江也因此成为了华南人类先民和文化遗址的中心。

4. 桂江

桂江以兴安至平乐一段最为有名，即"漓江"（图1-6），其中的灵渠沟通了长江水系和珠江水系，与湖广的联系密切。桂江流域的区位优势，使这些地区得到最先开发，中原文化传播较快，经济文化比较发达，汉化程度比较高，因此，目前流域保留较为完好而有特色的民居和村落以汉式民居为主，如桂林灵川大圩镇（图1-7）。

5. 西江

浔江流经桂中丘陵平原，到梧州汇合桂江后称为西江，西江一路众纳百川，航运发达。梧州是西江枢纽，自汉代至明代，一直是华南地区的经济文化中心，优越的区位使西江一带的民居颇有特点，特别是骑楼文化，如梧州骑楼街、南宁中山路。

图 1-7　桂林大圩古镇

第二节　族群的创造

文化是人类活动的产物，最重要的载体也是人，它的形成、积累、传输和变迁都离不开人的活动，因此民居研究中对于人的研究十分重要。着眼于特定区域中的居民，应该包括两种成分：一是固有的，二是变化的。前者为土著民族，后者则为移民。广西土著民族是留下古代文化遗址的古骆越、西瓯人的后代；移民包括中原汉族的南迁和迁移的一些少数民族。

一、骆越先民

在人类发生和发展的一百多万年里，广西气候温和，雨水充足，自然界物质丰富，适宜于原始人类的生息和繁衍。据研究资料表明，在距今70～80万年前，广西就有了原始人类活动。目前，广西各地已经发现了多处人类化石遗址和旧石器时代文化遗存，如柳江人遗址、麒麟山人遗址、白莲洞人遗址、甑皮岩遗址等等，这说明广西先民在没有能力修建房屋时，天然山洞就是他们的栖息之所。

有关文献记载，广西先民在穴居之后，出现了巢居。《韩非子·五蠹》记载："上古之民，人民少而禽兽众，人民不胜禽兽虫蛇，有圣人作，构木为巢，以避群害。"张华《博物志》中记载："南越巢居，北溯穴处，避寒暑也。"《魏书·僚传》所说："依树积木，以居其上"。这些文字记载在广西地区得到考古验证的不多，但从民族学研究和其他地区的考古资料可以推断和考证（图1-8、图1-9），如在今南宁蒲庙镇发现的顶狮山文化遗址中，有距今约5000年至10000年以前的古老居所——这些成排的、有规律的柱洞是广西乃至中国南方可以作为通过考古发现来确认史前人类居所构造形式的唯一依据，柱洞的存在表明"巢居"的可能性。"巢居"即在树上构搭简陋的窝棚以栖息，它既可防止毒蛇猛兽的伤害，又可避免潮湿瘴气的侵蚀，保护人们的生命安全和健康，这种"巢居"现象，后人认为是最初的

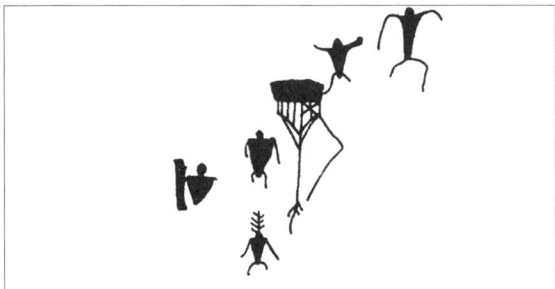

图1-8　沧源岩画

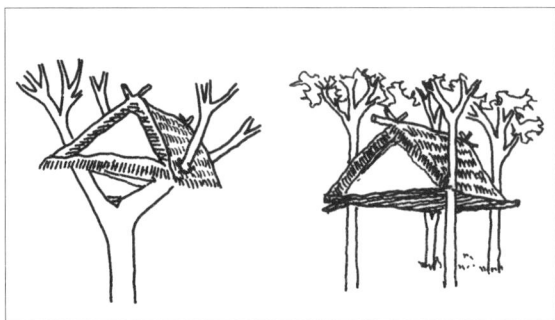

图1-9　依树积木巢居示意图

人工营造住屋。就像北方窑居被视为穴居形式的现代遗存一样，南方的干栏也被视为巢居的不断演化和发展。

而创造干栏的广西先民是骆越人。战国秦汉时期，江南以及岭南各地居住着众多越人，因其支系繁多，故统称"百越"（图1-10）。文献中常见的越人有东越（今浙江一带）、闽越（今福建一带），西瓯和骆越等。西瓯和骆越是"百越"中的两大重要支系，主要分布在今天的中国广西和越南北部。秦统一岭南后，西瓯、骆越聚居的广西地区隶属象郡，秦末汉初，一度又曾纳入南海郡尉赵佗所建的南越国，直至公元前111年汉武帝灭南越，并在该地重设九郡，岭南的郡县制才最终稳定下来。瓯骆地区属于当时汉朝的苍梧、郁林与合浦三郡。西瓯人主要生活在今广西西江中游及灵渠以南的桂江流域，骆越人则主要聚居于西瓯族的西部和南部，即今广西的左、右江流域和贵州省的西南部以及越南的红河三角洲地区。西瓯和骆越是广西的土著先民。今天的南宁、玉林等地为西瓯与骆越杂居之地，而钦州、防城等地为骆越集中居住地。西瓯、骆越因其所处的

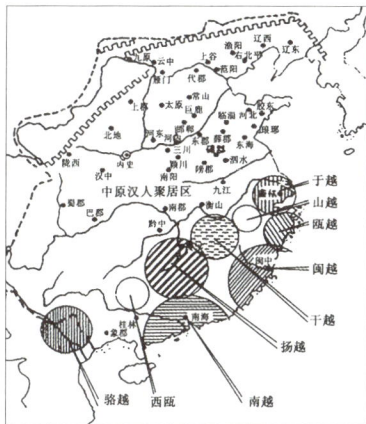

图 1-10　百越分布图

自然环境和特定的生产方式，创造了独具特色的干栏文化。

"干栏"在广西壮族聚居区称为"麻栏"。从广西各地出土的大量汉代明器来看，最迟至汉代，干栏已盛行于广西各地，并且发展得相当完善，形式多样（图 1-11）。宋人周去非淳熙年间（1174～1178 年）曾任广南西路桂林通判，离任东归后写了著名的《岭外代答》，其卷四《巢居》中记叙了当时民居的一些情况："深广之民，结栈以居，上设茅屋，下蓄牛豕，栅上编竹为栈，不施椅桌床榻，惟有一牛皮为茵席，寝食于斯。牛豕之秽，升闻于栈罅之间，不可向迩，彼皆习惯，莫之闻也。"从他的描叙来看，当时的"深广"（桂西）一带民居主要以木、竹结构的干栏为主。同时，《岭外代答》里也记载道："诸郡，富家大户，覆之以瓦，不施栈板，惟敷瓦于檐间，仰视其不藏鼠，日光穿漏，不以为厌也。山民垒土墼为墙，而架宇其上，全不施柱，或以竹仰覆为瓦，

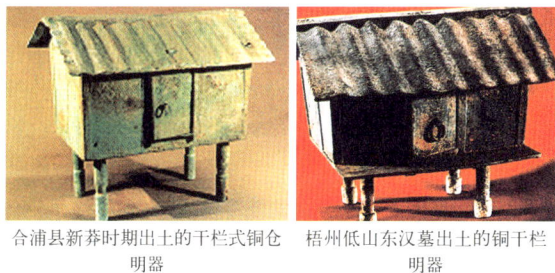

合浦县新莽时期出土的干栏式铜仓明器　　梧州低山东汉墓出土的铜干栏明器

图 1-11　广西出土的铜制干栏式明器

或编织竹笆两重，任其漏滴。"也就是说，位于平地为主、交通发达的诸郡大户人家，在当时已普遍使用青砖小瓦的砖木结构地居，部分"山民"也慢慢告别了木楼，住进了用土舂墙或土坯墙垒的房屋中。到了明清时期，砖木地居在汉族村落和寻常百姓家中大量使用。而在交通闭塞的山区（尤其是桂北山区），则仍然沿袭着全木构的干栏建筑。干栏通常为三层，下层圈养牲畜或堆放杂物，二层住人，三楼为仓储。有的三间一幢，一明两暗，也有五间一幢，但都是中间一间必是堂屋，用于接待客人和祭祀祖先，左右房间为卧室或厨房。从出土的汉代明器中，我们可以看到干栏建筑的形制。在钦州大寺乡一带，干栏建筑保持了两层楼式、上层住人下层养畜的传统，多为三开间或两开间，也有多家联成排聚居的现象，两面山墙向前伸出，中间立柱承"人"字形梁檩。

二、民族迁徙

广西是一个众多少数民族与汉族大杂居的地区，除了壮、侗、仫佬、毛南等广西土著民族外，其他各民族都有迁徙的历史。

中原汉族的迁徙大致有两条路径：即军事政治型移民和经济型移民。

有确切记载的军事政治型移民开始于秦代戍疆、开疆，以后历代都有，如秦始皇三十三年（公元前 214 年）"发诸尝逋亡人、赘婿、贾人略取陆梁地，始为桂林、象郡、南海，以适遣戍"（《史记·始皇本纪》）。桂林郡是今广西中部桂江以西到红水河并向南延伸到郁江、浔江北岸的广大地区，相当于西瓯人活动区域，而象郡指广西西部及郁江、浔江以南到北部湾畔地区。人口迁徙，使得移民带来了中原文化。从人口数量上看，当时三郡的 39 万人中，就有移民近 10 万人。公元 206 年，南越王赵佗有计划地传播中原文化，"稍以诗书化其民"，推动南迁汉族与少数民族通婚，增添人口，融合文化，使岭南地区的风貌发生了重大变化。在魏晋和唐代，安史之乱等不同时期的北方战乱使大量北方民族南迁，南方广大地区得到了开发。例如到了明代，大量江浙移民到达

横州（今南宁横县），传入水利技术，使横州"有田一丘，则有塘潴，水塘高于田，旱则决塘窦以灌"，横州的农业因此得到了较大的发展。农业经济的发展促进了人口的增长，加快了乡村建设（图1-12、图1-13）。

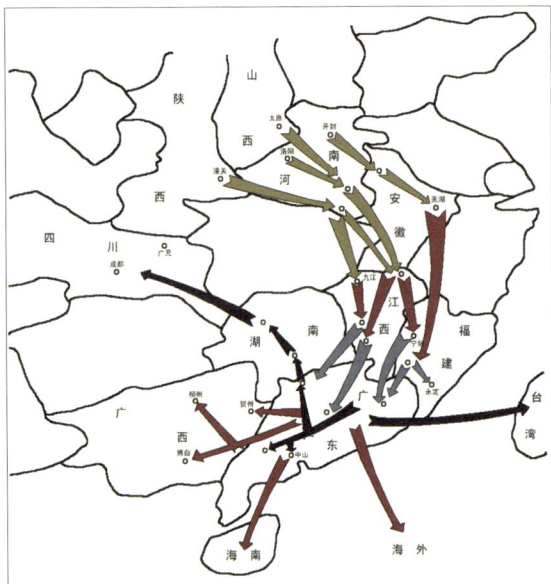
图1-12　客家迁徙示意图

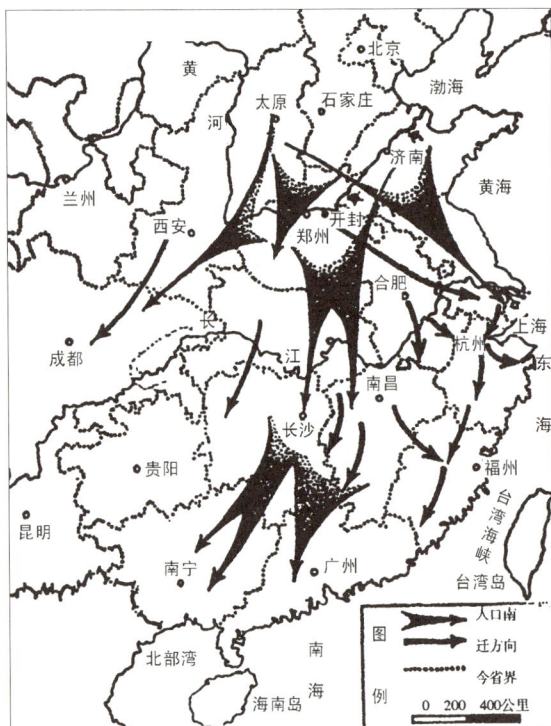
图1-13　北宋末年人口迁徙主要区域示意图

而经济型移民在汉代也已经成相当规模了，借助合浦作为海上丝绸之路的起点，商贾从中原溯湘江，过灵渠，走桂江，经南流江抵合浦出海，与东南亚各国进行海上交通和贸易。许多商人到达广西沿海地区，并在这些地方留下了文化痕迹，在北海合浦，今天人们从发掘的近1000座汉墓及逾万件出土的文物看到中原文化传播和影响，在这些文物中，有代表中原文化的青铜器、陶器、金器、玉石器、玻璃器等，很多都是国宝级珍品。经济型移民集中在明清以后，因为广西水路的便捷，明清以后迁徙到今广东的汉族发展起来的地域性商业人群——广东商人，他们沿江而上进入广西经商（包括移民），到达桂林、邕州（今南宁）、横州以及玉林、钦州等地，特别是他们在广西南部做买卖，形成了"无东不成市"的商业局面，因此，在桂江、西江、邕江沿岸都有明清以后建成的村落，这些村落一般都有码头，相对完整的街道，目前知名的有南宁上游的扬美古镇。扬美曾是南宁周边的贸易中心，到了清代兴盛一时，其有8座码头，"大船尾接小船头，南腔北调语不休，入夜帆灯千万点，满江钰闪似星浮"，时至今日，扬美成为明清商贸古镇向世人展示其历史风貌的典范。而昭平县黄姚古镇因靠近姚江，往西可到达桂北地区，往东可通桂江，联络苍梧与广东，成为水运要道，是方圆几百里的商品集散地。明末清初，大批广东客家人沿江而上，商人们在此兴建豪宅，经商办学，一时间古镇店铺林立、票号云集，在清乾隆至民国中期达到了鼎盛，现存的数百间传统民居，多为此期间所建（图1-14）。桂林灵川县大圩镇明代时为广西四大圩镇之首，沿漓江北岸立街设坊，各地商人纷纷在这里建造会馆，居住经商，有名商号较多，曾有"四大家"、"八中家"及"二十四小家"之称。到民国初期，大圩已形成八条大街，十多个码头，有"逆水行舟上桂林，落帆顺流下广东"之说，是桂北地区重要的商品集散地。古镇建筑由西向东沿江而建，沿江街道多用青石板铺设路面。为方便经商与居住，窄长的街道两旁挤满了青砖蓝瓦的老

图 1-14　明清时期兴盛的黄姚古镇

房子，房屋既可居住，亦可作为店铺（图 1-15），是以商兴镇的典型。

　　民族迁徙中包括少数民族的迁移，如瑶族。瑶族是民族迁徙中最典型的一个，秦汉时期他们是生活在湖南的"长沙蛮"、"五溪蛮"和"武陵蛮"的一部分，南北朝时被迫北迁，隋唐时期由于统治者的压迫和歧视而返回南方，到明清时期，广西成为瑶族的主要聚居地，但仍然长期受压迫，因而公路沿线或河边往往是汉族或壮族村庄，山腰是苗族寨子，山坳或接近山顶的才是瑶族村寨。在瑶族的汉文献《过山榜》中，记载了瑶族迁徙

图 1-15　明代广西四大圩镇之首的大圩古镇

图 1-16　南丹白裤瑶

的口头记忆（图 1-16）。

　　当然，民族迁徙也是民族生存的自然选择。生产力低下的古代民族社会里，自然生态的优劣和变迁是引起人口迁徙的一个重要原因。从事刀耕火种、游猎采集的民族，力图找到气候温暖、有肥沃土地和茂密山林的地方，这样就可以在生产技术相对落后的情况下，得到良好自然条件的补偿。秦汉以来，为逃避战乱，迁入广西的汉族多选择气候温暖、土地肥沃、水源充足、适宜农耕的地区定居下来，而很少进入高山地带。当然，当为数不多的平地地区再也容纳不了更多的移民时，地广人稀的山区也会成为迁徙的主要方向和目标。在土地资源和生存空间争斗中失败的民族也开始被迫而无奈地向山区迁移，开辟新的生境。

第三节　经济的作用

　　从经济学角度看，社会经济的发展对民居建筑的形成与发展具有重要的作用。民居的建造是人类社会生产力发展到一定阶段的产物，标志着人类社会的文明进步；民居的空间布局和功能结构，是以适应和满足人类的物质生活和精神生活的需要为基础的。随着人类社会的发展和生产力水平的提高，人们的生活方式不断演变，民居的空间布局与结构形式也不断得到改进和发展。历史上，随着广西社会经济的发展，建筑营建技术

水平的提高，民居的空间布局与功能形式不断满足人们的生活需要，各民族的居住条件不断改善，物质生活和精神生活水平也不断提高。

一、经济与民居功能

1. 不同时期的经济对民居功能的影响

　　新石器时代，原始农业开始出现。为了更好地看护和管理农田，广西先民们在"构木为巢"的启发下，立柱架楹，编竹为栈，缉茅为顶，形成下层架空、上层居住的原始干栏，它为原始先民提供了遮阳避雨和防潮驱害的栖身之所，也就是住宅的最基本功能。

　　随着社会生产力的发展，人们的生活方式有了很大的变化，对居住建筑的功能要求也不断增加。农业生产工具、肥料需要置放，收获的粮食需要贮藏，家庭炊饮、起居、聚会都需要相应的空间，等等。因此，人们在营造住屋时逐渐发展了住屋的多种功能，宗族内供族人集会、议事、祭祀等各种公共建筑也应运而生。

　　近现代工业社会、信息时代的到来，社会生产力飞速发展，人们的经济生活水平有了很大提高，整个社会的生产生活方式发生了巨大变化，民居建筑的功能趋于多样化，有集居住与其他辅助功能于一体的民居，也有派生出的文化、娱乐、工商等公共建筑，人居环境大为改善。

2. 不同地区的经济对民居功能的影响

　　在封建自然经济中，由于不同地区的自然条

1933年广西五县土地面积及主要农产品产量比较　　表1-1

（土地面积单位：km²，农产品产量单位：担）

县份	土地面积	稻谷	麦子	玉米	甘薯	甘蔗	大豆	茶油
平南	2858	2147355	8858	102	630226	23142	19225	1258
荔浦	1629	1045096	306	8622	239682	15530	6670	1258
武宣	1834	653289	13716	23224	126504	4700	7692	296
三江	3024	406909	54	15243	30845	400	3028	17707
田林	2928	99012	62	35670	2598	7994	484	365

件不同，农业生产力水平存在差异，广西各地区的经济发展水平很不一致。

以1933年桂东南的平南、桂东北的荔浦、桂中的武宣和桂西北的三江及桂西的田林（原田西）这五个县的农业情况比较（表1-1），从表中可以看出，虽然西北部的三江、田林两县的土地面积比平南、荔浦、武宣三县的土地面积要广阔，但平南、荔浦、武宣三县的大多数农作物产量都比三江、田林两县的高，说明这三县的农业经济发展水平较高。另据有关资料显示，20世纪30年代，平南、荔浦、武宣三县的农民收入水平普遍比三江、田林两县高，平南、荔浦、武宣等东部县，住居基本上以砖木地居为主，院宅面积比较大，居住条件相对较好；而三江、田林的住宅则以木构干栏为主，一般住房面积较小，居住条件较差。

经济发展的不平衡，造成居住建筑的功能发展也存在很大差异。在桂北和桂西少数民族居住的山区，地方偏僻，群山绵延，道路崎岖，交通闭塞，对外交流较少，人们长期按照传统的农耕方式生活着，社会经济发展较为缓慢，一般人家收入水平低，没有建造宽大的居住建筑的经济实力，只能建造功能相对简单、能满足人们的基本生活需要的普通住居。在一些地方偏僻、经济落后的少数民族地区，直到现在仍保持着单室式的简陋干栏。而桂东、桂南地区，商品经济相对繁荣，经济水平高，生产生活方式多样化，居住建筑除了满足日常生活起居需要外，一般还要满足手工

业、商业、文化教育等需要，功能空间相对多样化。

3. 不同的家庭经济对民居功能的影响

在同一地区，家庭经济条件不同，对居住建筑的功能要求不同，建造的房屋大小、空间布局也不同。普通人家，首先考虑的是物质需要，住宅主要是满足家庭日常起居饮食的需要，而且也没有建造更多房屋的经济能力；而大富人家，不仅房屋数量多，建筑面积宽广，功能齐全，而且装饰装修都非常阔气，布局讲究。如：忻城县莫氏土司衙门及祠堂，共占地3804m²，建筑面积2692m²，衙门由前门照壁、大门、头堂、二堂、三堂、长廊、东西花厅、兵舍、监狱等组成；祠堂分前、中、后三进，规模宏大，整体布局规整，中轴线明显，功能优良，与壮族普通人家仅能满足基本居住需要的简朴居室形成了明显的对照，是壮族地区权贵豪宅的典型代表（图1-17、图1-18）。

灵山县大芦村劳氏祖屋外翰第（图1-19），它功能多样，规模雄伟，体现了劳氏家族的权势与富贵。它始建于明正德年间（公元1517年），建筑面积约4000m²，坐西向东，整个建筑院落呈"国"字形，由外至内呈五进行列布置。第一进前部是一外围略似"冂"字形的地院，大门楼开在东侧，门楼内对面的敞口屋平时放置轿子，遇上操办红白喜事则作为吹打乐器的场所，靠外围墙的是一排较为低矮的马厩。第二进内八柱架梁，前出大檐遮盖平台，后嵌三合格扇门，宽敞明亮，是族老们议事或接待贵宾的厅堂，劳氏后

图 1-17　忻城县莫氏土司大院祭堂

图 1-18　忻城县莫氏土司大院园林小景

图 1-19　灵山县大芦村劳氏祖屋外翰第

人敬称"官厅"，通常高门紧闭，除了重大祭祀活动或者是迎接贵宾，平常是不轻易开启的，出入要走两旁的侧门。第三进和第四进为内宅，结构相同，家族内的兄弟按长幼居住。第五进是祭祖厅，中间供奉大芦古村劳氏第一代祖灵位，两边分别按男左女右及辈分高低放置历代先人神主牌位。再往后的一排平房是工人和婢女们的住房。形成功能齐全，规则严谨的典型深宅大院。整个院落布局气派，充满富贵家族的气氛。

二、经济与民居形式

经济水平不仅影响着民居功能与空间结构，民居形式同样受到经济发展水平的制约。在生产力水平低下的时代，一般民居建筑主要是为了解决人们的物质生活需要，满足人们的居住需要，其功能简单，建筑空间、布局也相对小；同时，经济水平有限，建筑技术较低，没有能力建造空间布局合理及结构良好的建筑，民居形式也变化较少。但随着经济发展水平的不断提高，生活方式的不断变化，广西人民对民居的功能需求也越来越多，民居的形式也随功能结构的变化而变化。广西各地干栏民居在保持干栏基本形态的基础上，分化为高脚干栏、矮脚干栏、半楼半地居干栏、地居式干栏等四种不同的形式。硬山搁檩建筑在使用砖瓦的基础上，随着现代建筑技术和建筑材料的发展，砖混结构、框架结构等的应用，建筑形式变得丰富多彩。

在广西民居中，普通百姓经济能力有限，其民居的建造以满足功能要求为主，注重居住功用，但灵活自由、生动活泼、不拘一格的建筑形式，却显得既适用，又经济。相比之下，有着雄厚经济实力的富贵人家，其宅院外观森严，内部豪华，布局上突出轴线，主次、内外分明，住宅空间规模较大，形式上气势恢宏。

建筑装饰既能美化建筑空间，又能保护建筑物，更能反映人们的精神世界和文化背景，但它同样受到经济条件的影响。历史上，随着生产力的发展，广西民居的内外装饰，如瓦当、图案、砖雕、木刻、木雕、朱彩、假山、字画、楹联等日见丰富多彩、参差多态，形成了具有广西民族特色的建筑装饰。在广西民居中，一般平民百姓的住房，规模较小，装修简单；仕宦、地富、商贾的住宅，规模宏大，装修华丽。如清乾隆年间兴业县庞村首富梁纯庵及其子孙所建的房舍，规模宏大，装饰风格奇特，大多数建筑的檐下、屋顶下绘有彩色的"裙画"，内容多为花卉树木及鸳鸯、仙鹤、鹿等珍禽瑞兽，笔法细腻、圆润，颜色历久如新，虽历经一二百年，但依然鲜艳夺目。屋檐、窗额有精美的雕刻，多雕以盘龙翔凤、喜鹊以及如意、八定等物体，手工精细，惟妙惟肖（图 1-20）。大门设置"推栏"，具有浓郁的岭南特色。在将军第、梁氏宗祠两座古屋的天井两侧砖墙上有树木、瑞兽的立体灰塑，并漆有颜色，造作精巧，造型生动。这两座建筑的盖瓦分上下两层，上层用于挡雨，下层为漆成白色的"看瓦"，如此装饰，在清代民居中极为罕见。梁氏宗祠共三进，屋裙书画，立体塑画，栩栩如生。上座庵龛，穿花细琢，饰古板金，玲珑剔透，熠熠生辉。中座四大柱，汉白玉墩，柱高 4m，径约 40cm，气宇宏伟。

三、经济与民居转型

由于经济形态不断发生变化，以满足基本生活、居住要求的民居也与时俱进，逐步转型。在当代商品经济条件下，当地租成为建房的一个重要经济指标时，竹筒房应运而生。

竹筒房是一种窄开间、大进深、多层联排式住宅，因其形似竹筒而得名。竹筒房是因人口增

图 1-20 兴业庞村梁氏祖屋装饰

多、用地紧张而采用的一种高密度的岭南城镇居住建筑，最早出现在广州一带。典型的竹筒房平面分前、中、后三部，以 1 ~ 2 个内天井间隔，前部为门头厅、前厅、前房，中部为过厅、楼梯、后房，后部为厨房、厕所。竹筒房的布局形态，既反映亚热带地区减少太阳辐射热的气候需要，也反映了城镇商业区地皮极度紧凑、尽量少占街面的高密度要求，是针对城镇商业地段应运而生的一种住宅转型形式。

近代城市商业街的发展，推动了一大批沿海城市住宅向"下店上宅"的方向转型。在岭南地区，由于气候炎热多雨，街道要求有遮阳、避雨功能，于是在竹筒房式的窄开间、大进深、联排式布局的基础上，演进出一种骑楼式的店宅综合体。它以沿街下层铺面设置带覆盖的通道敞廊为特征，反映出中国廊房式的传统商业建筑与外来的殖民地外廊样式的结合。建筑立面带有浓厚的洋式造型，通常以底层柱廊、楼层和檐部女儿墙、山花组成三段式构图，如北海骑楼（图 1-21）。

竹筒房可以说是城镇化的产物，它的存在与经济发展水平密切相关。改革开放以来，广西经济有了很大的发展，农民收入有了很大的增长。规模经济和聚集经济效应推进了城镇化进程，农村人口不断向城镇涌入，在城镇工作生活。工业、服务业等产业的发展，城镇人口的增加，促使城镇规模不断扩大，城镇土地价值越来越高。为了减少对土地的占用，同时解决居民的生产生活和居住问题，竹筒房在广西城镇中大量出现（图 1-22）。由于缺乏统一的规划设计，大多竹筒房呈现出自发和低水平特征。

目前广州市，随着聚集效应的增强、土地资源的稀缺性和不可再生性以及人们对人居环境要求的提高，居住条件较差、满足不了现代生活要求的竹筒房已基本不存在；南宁市的竹筒房也逐渐减少；而玉林、贵港等是在改革开放中刚刚发展起来的城市，聚居了大量进城农民，经济水平不高，小农意识浓厚，因而大量的竹筒房涌现；在城镇化进程中，桂西地区的城镇也开始出现竹筒房。

从竹筒房在广东、广西城镇的产生及发展可以看出，竹筒房与经济水平密切相关，是经济发展的产物，是城镇经济发展到一定阶段，为适应

图1-21　北海骑楼

图1-22　广西城镇
竹筒楼现象

城镇生产生活变化需要而出现和发展的。当城市经济水平提高到一个新的阶段后，随着人居环境的不断改善，功能较差、开发价值不高的竹筒房就会逐渐被功能合理、开发价值更高的现代建筑取代，直至最终在城市中消失。

第四节　文化的影响

历史上，广西受外来文化的影响很深，据现代教育学家雷沛鸿先生研究，广西在不同时期、不同地区，曾经接受过多种外来文化的影响，主要有"中原文化"、"高地文化"和"低地文化"。

总的来看，外来中原文化和高地文化主要影响了平原及丘陵地带，低地文化主要影响了沿海和沿边地区，而在交通不便的偏远山区则更多地保留了壮、侗、瑶、苗等世代相传的少数民族文化传统。但外来文化，既给广西本土文化造成了很大的冲击，又为广西文化注入了活力，形成了广西文化多样性的格局，同时也决定了民居类型的多样性（图1-23～图1-25）。

一、儒学南传

儒学是中国封建社会的主流文化，秦统一岭南被认为是儒学南传的序幕，儒学正是随着各朝政治版图的扩张而在岭南扩散，进而向东南亚各

图 1-24 高地文化影响下的三江侗族村寨

图 1—23 中原文化影响下的全州县鲁水村民居

图 1—25 岭南文化影响下的灵山苏村民居

地辐射的。

文化学理论认为，文化的扩散会造成外来文化与当地文化的紧张，需要经过文化濡化（acculturation）的过程，即两种文化不断发生接触而扩散。儒学南传的濡化过程是相当漫长的。曾是秦将的赵佗后来建立南越国，积极推动儒学与岭南本土文化的濡化，"稍以诗礼化其民"，被史学家称为"开发岭南第一功臣"。在以后的开明封建统治者及各级官员中，大都采取积极消除文化紧张、推动文化濡化的政策，这就形成了封建社会时期儒学南传的文化轨迹。著名的人物有汉朝的"伏波将军"马援，"岭南华风，始于二守"的两位交趾太守锡光和任延，宋代写有《桂海虞衡志》的广西军政首脑范成大，"道化披于桂"的理学家张栻、吕祖谦以及逐渐受到当代重视的王阳明等等。王阳明于嘉靖六年（1527年）奉命镇压广西少数民族起义，除武力镇压之外，就是怀柔远人，在广西各地兴学，目的是"用夏变夷"、"敷文来远"，在当时兴建的书院中，以南宁的敷文书院最为有名，它是明代南宁地区的最高学府，也是当时广西传播阳明心学的重镇，影响很大，人们至今追念。

除了官员的政绩，还有遭朝廷贬谪文人的丰功，如柳宗元、秦观、黄庭坚、苏东坡等等，他们虽然大多是不得志的官员，但人们记住的更多是他们文人的名声和推动文化发展的清誉。在广西讲学的文人也推动了儒学南传的进程，如周敦颐及程颢、程颐兄弟等，他们虽在广西讲学的时间不长，但他们的影响却很深远。在桂林灵川江头村，至今仍居住着周氏的后代（图1-26、图1-27）。

图1-26　流传着柳宗元功绩的柳侯祠

图1-27　灵川县江头村爱莲家祠

儒学南传的成效是在濡化过程中逐渐显现的。隋唐科举制在岭南的推行，使得当地私学、官学都得到了发展。宋代周去非《岭外代答》卷四中记载"岭外科举，尤重于中州"，反映了当时科考的一些情况。

文化濡化的过程从朝廷的"武功"走向民众的"文治"，文化传播也相应的从文化扩散向文化整合转变。其中一个突出的例子是壮族通过整合本土文化和儒家文化，创造了被誉为"壮族伦理教科书"的万言五言长诗《传扬诗》，典型地表现了文化在碰撞中走向融合的过程，也反映了儒学南传对民族文化的影响之深。

儒家思想是封建社会的正统思想，它不仅在汉族院落文化中占有主要地位，而且也部分地影响着广西少数民族的居住文化和生活方式。在官宦院落中，儒家思想的主导地位尤为突出。

如南宁黄家大院，其空间布局规整且层层推进，是传统儒教社会和等级森严的封建礼法在建筑空间上的体现。在正院中，北房南向是正房，房屋的开间进深较大，台基较高，多为长辈居住；东西厢房开间进深较小，台基也较矮，常为晚辈居住。正房、厢房之间通过连廊连接起来，围绕成一个规整且里弄空间丰富的院落。祠堂位于合院的中心位置，是统治整个大院的精神中心，这是中原建筑讲究礼制、注重伦理的建筑风格。

灵山县大芦村，至今仍保存着数座清代劳氏家庭的院落。在几座劳氏院落中，东园别墅修造的时间比与之隔水相望的双达堂要晚，双达堂的主人是东园别墅主人的先辈，所以，东园别墅的门楼比双达堂的门楼要矮小，以示"孝道"和谦逊。在劳氏院落中，建筑是严格按照封建等级制度的要求来设计和布局的，规矩森严，上下尊卑，各住其房，各走其道，不能越雷池半步。男主人出入，走正门，女眷和仆人出入，则只能走主体院落围墙外侧的甬道（图1-28）。

匾额和楹联，是汉族民居中不可或缺的建筑

图1-29　灵山大芦村多进式院落与丰富的楹联文化

图1-28　灵山大芦村院落甬道

装饰的一部分，它对院落文化起着点题、点"睛"的作用。在劳氏家庭院落中，仅现在整理出来的完整的楹联就有305副，内容涉及节庆、交际、天文地理、婚丧嫁娶、历史政治、行为规范、学问修养、家庭传统等等，这些楹联所透露出来的信息丰富而庞杂，但主导内核只有一个，即儒家思想（图1-29）。昭平县黄姚古镇的匾额和楹联，是古镇的一大人文景观（图1-30）。

二、风水文化

"风水"一词见于托名郭璞的《葬经》："气乘风则散，界水则止，古人聚之使不散，行之使有止，古人谓之风水"，是古代先民选择良好的地理环境、营造合适居住的空间，以满足人们生理和心理的需要，达到人、自然、建筑和谐统一的理论。它是与北方道教、汉传佛教等一起进入广西的，在接受和融合了中原的风水观念后，广西各民族也有了根深蒂固的风水观念，并在村寨选址、村寨布局、环境营造、房屋建筑等方面严格遵守它（图1-31）。

1. 朝向

广西各民族都把家庭和睦、丰衣足食、人丁兴旺作为人生最高的价值趋向和追求的目标。这些愿望的实现，除了人的主观努力外，还寄托于住宅所选定的风水位置和方向是否吉利。因此，主家在村寨既定的风水范围内确定建造新宅的基址后，要请风水先生或地理师来对周围的环境、方向和天时进行观察和确定，以决定整座房屋的朝向。定向的规制一般是坐北朝南，即风水中的"负阴抱阳"，一些特殊的村寨则因禁忌、避煞或地形条件的限制而朝东或朝西。在这方面，广西各民族都积累了丰富的经验，如侗族人民就非常注重朝向，有一句谚语叫："不管后龙来不来，只要眼前打得开。"所以，他们在建房中首先选择溪坝或山边等朝向开阔的地方，并要临近水源。

2. 定向

罗盘是在风水中测定准确方位的特殊工具。地理先生先问主家打哪个方向，得到回答后，才能下盘。俗话说"阴打尖坡阳打坳"、"前有桌案山，

图1-30　黄姚古镇丰富的匾额及楹联文化

图1-31 灵川县江头村村前的笔架山、笔筒山、印山及周边的护山组成了良好的风水意象

家富人也宽"，也就是说，堂屋的正面一定要对着远处的山坳，不能正对着山脉和溪涧，而要稍微偏离一些，谓之"消山险，避水害"；也不能正对着两山交汇处的"剪刀架"，因为"打了剪刀架，人死屋要垮"。正面对着远山坳，讲究山坳的形状，有"状元山"、"笔架山"、"富贵山"、"案桌山"等等。下盘的方法与说法繁多，一般在下罗盘时要注意清除周围的金属物，在罗盘下垫一个三寸厚的米盘做平衡之用，然后移动罗盘使其天池与天池下的海底平行相叠，待罗盘内的磁针

稳定时，米盘上的十字红线就在圆盘上有相应的读数，据此，可根据罗盘的一系列原理推断方位的吉凶。

3. 大门的设置

风水认为大门为气口，关系到一家的吉凶祸福。所以大门除了应位于住宅的吉祥方向外，还要避凶迎吉，才能导吉入宅。山水是自然界中的祥物，所以住宅的大门一般朝向山峰、水口或迎水而立，目的是借助大门建立与自然界的良好关系。同时还利用大门朝向的转换，使住宅与四周

图 1-32　南宁扬美古镇西向开门民居前的狗形石

图 1-33　门户上方镇邪之物：八卦

的其他建筑取得良好的关系，避免门门相对或直冲巷道，使住宅避开喧闹。壮族风俗中有以西为不吉的说法，但如果民居不得不西向开门时，则必须在宅前设置狗形石雕或狗形石头（图 1-32）。在许多村寨里，如大门直冲巷道，则须设立"泰山石敢当"或悬挂小镜等镇邪之物（图 1-33）。

4. 邻里设置

各个村寨都是由一座座住宅建筑组成的，因此，风水在讲求自然地形吉相的同时，也重视相临建筑在位置及角度上的相互关系，即追求和谐的邻里关系。住宅朝向忌背众，即房屋朝向不能与众人相反，或者说不能"众抵煞"，否则就会不吉，故而有"烦恼皆因强出头"之说。对于屋前空地不能两边低而自家高，只可以人高而已低，过低也不行，这也是"中庸"思想在建筑上的表现。总之，风水有效地限定了人们的建筑活动，客观上合理地调节了住宅群之间的关系，使各地乡村宅落呈现出有条不紊的朝向，也使建筑布局秩序井然。

风水文化形成和发展的历史是人们寻求与环境和谐相处的努力过程，凝聚了人类的环境智慧。风水文化的核心内容是宜人人居环境的营造，目的是在顺应自然的基础上满足人的安居需求，这些内容具有科学性，值得研究和发扬光大。然而，由于人类趋利避害普遍心理的存在，风水文化的一部分为庸俗地迎合这种心理，逐渐脱离实际，成为玄而又玄的内容，甚至成为背离科学的迷信，这部分内容是风水文化中的糟粕，应当予以批判。因此，对于风水文化，需要去伪存真、去粗存精；而对于当时当地的人们的营建美好家园而发展的风水文化，理应成为研究地域建筑文化的重要内容。

三、建房仪式

建房造屋是一个家庭和一个人人生的一件大事，它代表了农民百姓重要的人生理想和幸福的生活愿望，人们在其中寄托了无限的理想，赋予了贴切的象征，体现了丰富的文化意义。在理论上，我们把建房风俗归结为仪式。仪式是人们在生活实践中自然产生和形成的生存习惯，是一种比语言更深的实践层次，这种习惯投射到人们的集体无意识当中，形成了它特有的约束力，人们自然而然地遵守它。仪式的过程有繁有简，但它却不能被人们忽略，否则就会招致遵循这种风俗的生活共同体的指责，甚至在灾难到来时，将它与建房仪式的正确与否联系起来。因此，人们都在各种建房仪式中努力培养"正确感"。

匠师们大多拜民间的《鲁班经》和《鲁班经匠家镜》，木匠、瓦匠、历代工匠对此都是口传心授；再有就是宋代李诫的《营造法式》和清代工部的《营造则例》，各种建筑，大体如现在的"标准图纸"一样，都规范化了，广西民居的建造工艺，也都是代代相传，师徒沿袭，按惯例施工（图1-34）。这里以广西少数民族的干栏建筑的建造为例。

1. 选掌墨师傅，定房屋尺寸

房屋建造质量的好坏很大程度上取决于掌墨师傅，因此，在选掌墨师傅时要郑重而真诚。好的掌墨师傅在看了主家地形、了解了主家家境、听了主家的想法后，就会对将建的房子心中有数，然后提出屋高、进深等尺寸供主家选择。建房尺寸的尾数一般要带"八"或"六"，如：屋高一般为一丈七八、一丈八八、二丈七八、二丈八八等等；屋的进深为二丈八八、三丈七八等等，而楼梯、窗格、火塘的尺寸则取"六"。这些建房尺寸还编成了建房谚语，如："屋高逢八，万事通达"，"进深逢八，家发人发"，"楼梯逢六，挑谷上楼"，"窗格逢六，隔断鬼路"等等。

2. 伐木

房屋尺寸定下之后，要根据尺寸去伐木。建房材料多为杉木。伐木前先由掌墨师傅去探山，指定一棵作中柱的木料，这棵作中柱的木料一般是大且直、两根主干连在一起的"双胞树"或"鸳鸯树"，旁边还须有一棵小"陪树"。在砍伐中柱时，掌墨师傅须在树下烧钱化纸，祭拜山神、树神，请示山神要拿这棵树去做玉柱。师傅高声念道："此树不是凡间树，正好用来作玉柱。"念完后，由师傅开始砍树。师傅一边砍树，旁人一边念道："金斧砍一下，喜气临主家；金斧砍两下，主家要大发；金斧砍三下，兴旺又发达。"然后由主家和众人接着把树砍好，运送回主家。

3. 发墨与开工

吉日确定，建房工程就正式开始了。首先要由掌墨师傅发墨，发墨时掌墨师傅一边弹线，一边为主家赠吉利词，如"墨斗香，墨线长，玉柱发墨，吉祥如意"等等。然后掌墨师傅根据地形地势、楼层、开间、进深等对材料下墨，最后由木匠们按照墨线下料制作。一般情况下，一幢高三层、四扇三进、五柱五瓜配偏厦的木楼，要几百根大小、长短不一的杉木，要锯凿数千个宽窄、深浅不一的榫头和卯眼，其结构是复杂的，工艺是细致的，要求是严格的。他们从来不事先画出草图和详细的结构图，只凭一根竹竿（即"匠竿"）

图1-34　侗族建房工具

来设计和发墨，即所谓"一根竹，一幢屋"。常用的木工字有：（前）、（后）、（左）、（右）、（上）、（下）、（中）、（天）、（穿）、（挂）、（梁）、（枋）、（柱）、（穿）等等。

4. 发槌与排扇

排扇即用穿枋（排扇枋）把屋柱和瓜都串联起来，连成一扇，如：五柱五挂屋，就把五根屋柱和五根瓜柱用穿枋串成一列，这就叫一扇；四扇三进屋，就串成四列，放置在事先搭好的简易木架上。排扇之前，先由掌墨师傅举行发槌仪式。发槌，实际上是告知众神与木匠始祖鲁班师傅，请众神暗中帮助，赐予主家吉祥、让弟子一切顺利如意。发槌时掌墨师傅会口念神词，如"一槌敲响发人丁，二槌敲响发富贵，三槌敲响万代昌，大吉大利万年长"等等。发槌仪式完毕后，请来帮助竖屋的众人就按照掌墨师傅的指挥，把木楼的各个部件摆放在相关位置，然后就开始排扇了。

5. "偷梁木"与竖屋

木楼正中中柱上的梁木叫"正梁"或"宝梁"，这根梁木不能事先准备好，必须在排扇这天过了子夜（即竖屋当天的凌晨）到别人山上去"偷"。"偷"实际上是"借"，有"进财赐福"之意。"偷梁木"也要念神词，如："手持鲁班斧，弟子迎木君。请上华堂当主宰，保佑主家百福生。进富又进贵，发子又发孙"等等。离开时，要围着树墩放鞭炮，一是酬谢山主，二是提示山主来取红包。到了主家，主家放鞭炮迎接，请梁木上木马，交由掌墨师傅做梁。接着就是竖屋，即把排好的扇竖起来，用过间枋连接，把整个房子的架子搭起来。竖屋要非常小心谨慎，稍有疏忽就要出事，这既害了主家，也影响掌墨师傅的声誉，因此有"撵煞"仪式，即把房屋地基周围的凶神恶煞撵走，保竖屋平安。

6. 上梁

木楼的构架立起来之后，就到了竖屋的高潮——上梁，这是整个建房造屋中最隆重的一个仪式。上梁的时辰一般在午时，上梁时辰一到，掌墨师傅就开始主持和指挥升梁了。此过程很热闹，鞭炮声、掌声、呼叫声冉起，一时间紫烟弥漫，喜气洋洋。升梁后，就由掌墨师傅穿上新布鞋去安梁、踩梁和坐梁，整个过程他都要念颂吉利词，围观的民众为之喝彩加油。最热闹的就是抛宝梁粑、硬币和糖果，掌墨师傅把准备好的礼物先向主家抛下，然后向众人抛洒，观者欢天喜地地在下面争抢，一派热闹非凡的景象。接下来主家会办宴席招待掌墨师傅、木匠、帮忙的人和亲朋好友，即"吃竖屋酒"。酒席上，掌墨师傅、木匠等被尊为上宾，坐上座，由主家陪酒致谢。席间，大家相互祝福，表达情谊。

第二章 广西民居的类型特征

第一节 广西民居的地形划分

自秦以来，中原文化在岭南广泛传播，中原人移居岭南后，多居住在地势较平缓、交通较便利的桂东北和桂东南地区，并逐步向桂中一带扩散，因而有力地促进了当地经济和文化的发展。而桂北和桂西山区因地方偏僻，且群山延绵、交通闭塞，汉人进入的时间较晚，人数也较少，因而受汉文化的影响也较小，人们仍延续着传统的生产生活方式，社会经济和文化的发展较为缓慢。因此，广西地区的社会、经济、文化的发展出现了较明显的地方差异。由于各地的自然环境以及人们的生产生活方式不尽相同，有山区、半山区、平坝区或稻作区、旱作区、林区、渔区之分，各地民居在建筑结构、建筑材料和营造方法上也出现了明显的差异。覃彩銮先生在《壮族干栏文化》中把广西壮族干栏按区域划分为桂东南、桂北、桂中、桂南、桂西等类型。但在调查研究的基础上，我们发现地形、地势等因素在广西各族民居的形成和发展中有突出的影响，因此，我们认为应首先从地形、地势出发，将广西民居划分为山地型、丘陵型和平地型。

一、山地型

山地型民居主要坐落在高山峻岭的山崖、山腰和陡坡上，其形式以干栏建筑为主，分布地区有广西西北部的龙胜、三江、融水、都安、大化、东兰、天峨、南丹、巴马，东北部的富川、恭城，西部的西林、田林、隆林、那坡、德保、靖西以及南部的上思等少数民族地区，尤其以瑶族最为普遍，素有"岭南无山不有瑶"之说。桂北山区干栏是其中的典型（图2-1），主要特征有：

①全木结构，平面呈长方形或曲尺形，多有阁楼，并在一侧增设披厦。整体造型规整对称、古朴凝重、高大稳固、规模宏大。

②立木为柱，穿梁架檩，铺板为楼，合板为墙，榫卯结构紧密相扣，具有良好的稳固性、封闭性和御风寒等特点。

③厅堂宽大、底层通透，既宽敞舒适，又安全方便，合理的功能布局满足了家庭生产、生活的需要。

④依山而建，为扩大居住层的空间，将居住层和阁楼层下的木穿通过前檐柱向外延伸，然后在木穿的末端卯入一根底部悬空的木柱，并在木穿上铺钉板块，使楼层随之外延，而外延的楼层下则悬空，形成了别具一格的"吊脚楼"风格。

图 2-1 山地民居
聚落：龙胜平安寨

图 2-2　隆林张家寨山地民居

桂西山区的民居在保持干栏基本形态与功能的基础上，在建筑结构、营造工艺和建筑材料等方面呈多元化态势（图 2-2），即：既有全木结构高脚干栏，也有次生形态的硬山搁檩式干栏，还有结构简单、工艺粗糙、用泥竹糊成山墙的具有原始形态特征的木竹结构的勾栏式干栏。

二、丘陵型

广西的丘陵地主要分布于中低山地边缘及主干河流两侧，以桂东南、桂南、桂中一带较为集中。这类土地有坡度缓、土层厚、谷地宽、光照条件好、人类活动频繁等特点。由于坡度缓，丘陵地带的民居多分布在山岭之间的田峒或谷地边缘的山脚缓地上，住居前面和两翼的地势较为平缓开阔，有足够的耕地或可供人们进行户外活动（图2-3）。建筑形式大多已经由传统的干栏式发展演变为以土坯、夯土或石块构筑而成的半地居式硬山搁檩建筑，其中以"凹"形矮脚石木结构干栏为典型，其特点有：

①平面结构多呈"凹"字形，流行三开间和二至三进间。

②干栏空间窄小，功能、结构简单，上层住人，下层圈养牲畜，门前多用石块砌成阶梯或设置固定宽木梯，供人出入居室。中间为厅堂，后一进间、左右两间多用木板分隔成简易的居室。许多家庭还在厅堂的后面用石块围砌成一个与居住楼层等高的平台，内填泥土夯实，用作厨房和家人饮食、烤火、舂米或磨豆的场所。

③采用了石块、土坯等建筑材料和石砌、垒砌、夯土等构筑手法，但工艺较为粗糙，形态也较为简陋。

当然，广西少数民族在某些丘陵地带也选择了硬山搁檩的汉式地居，这在玉林地区、钦州地区以及南宁地区东部的横县等地比较普遍，因为自秦汉以来，特别是宋明以后，大量的汉族先后进入这些地区，汉文化的传播极大地促进了这些地区社会、经济和文化的发展，民居形式也相应汉化。

三、平地型

平地型民居主要分布于桂南沿海、桂东南、桂中及左江河谷。平地地势平坦、土层深厚、自然肥力高、水源充足、光照条件好，十分有利于农业发展，是目前广西最主要的粮食作物和经济作物生产基地，也是城镇密集带。其中，桂东南的粤式地居较为典型，主要包括贺州、梧州、贵港、玉林等地，这些地区在历史上曾是广东、福建等外来移民的重镇。大量东粤移民的迁入，使桂东南地区的民居形制逐渐被客家系民居建筑和广府

图 2-3　丘陵型民居聚落：三江马鞍寨

图 2-4　平地型民居聚落：灵山县大芦村

系民居建筑同化(图2-4、图2-5)，其特征表现为：

①砖木地居为主，平面多为"三间两廊"的小型"三合天井型"模式。

②厅堂居中，房在两侧。厅堂前为天井，天井两旁称为"廊"的分别为厨房和杂物房。根据村寨建房习惯和与道路的关系，通常在正面或侧面设置入口。"三间两廊"既可作为基本单元，也可组成各种形式的组群。

③民居建筑在结构构架上通常采用山墙直接承檩的屋架形式。也有一种当地称为"上下座"的民居，上座为三间（一明两暗），下座为一厅

图 2-5　富川秀水村民居

四房，中间为天井。

竹筒房是广西平地型民居的另一种类型。它是近代沿海商业城市（如北海、防城等）的一种很经济的民居形式，也是商业建筑的普遍形式。一些广西近代商业较发达的地区（如梧州、贺州等），竹筒房也普遍存在。其特征有：

①平面为4m左右面阔的单开间，进深约4到5间，呈纵长形式。

②前后交通往往是穿房而过，也有些在房间一侧隔出狭长走道。这样的房屋往往联排建造，侧墙无法开窗，采光全靠前檐及内天井，室内比较阴暗。

③沿商业街的竹筒房常沿袭骑楼形式，下店上宅，高3到4层，底层空出人行步道。

当然，以上从地形、地势上对民居的划分是相对的，因为民居的形式一方面受地形地势、气候、建筑材料的限制，另一方面也受各民族建房习俗和民族融合的影响。因此，各种因素的集合，就会使同一地形上出现几种不同的民居类型。因此，下面我们将从民族、结构的角度对广西民居类型进行划分。

第二节　广西民居的民族划分

广西少数民族众多，现有12个聚居民族，另外还有28个少数民族有少量人口在广西境内落户，他们各自的历史造就了各民族独特的文化特征（图2-6）。他们各自的文化特征、生活习俗体现在民居上，便具有了从聚落到单体建筑内外空间构成的不同民族特色。典型的有壮族民居、瑶族民居、苗族民居、侗族民居、汉族民居等等。

一、壮族民居

广西是壮族聚居最集中的地区，壮族在广西的主要聚居地为南宁、柳州、百色、河池、钦州、防城、贵港、龙胜等城市和地区。

壮族村寨多分布在边远山区的山坡上，少数

那坡黑衣壮

三江侗族

融水苗族

龙胜红瑶

图2-6　广西少数民族

分布于缓坡平原。他们喜欢聚族而居，以宗族为单位设置村寨，居屋往往形成若干组团，组团内每家每栋木楼独立，较少联排，当然，也有几兄弟的木楼连成一体的情况。组团之间随着地势的起伏或溪涧的相隔而保持一定距离。高大茂密的榕树或樟树往往是壮族村寨的风水树，也是壮族村寨的标志（图2-7、图2-8）。

壮族干栏（又称"麻栏"）是广西民居类型中最具特色的一种，能适应各种复杂的地形。干栏一般分三层，下层为架空或用木块、竹片、夯土、片石围合的通风性能极好的空间，用于圈养牲畜、家禽或堆放杂物，层高较低，由专门木梯通向二层的回廊或厅堂。二层为居住层，一般面宽三开间至五开间，或顺地势不规则地展开，进深通常为三开间或更深；开阔通透，典型的布局为厅堂居中，二至四边按开间分为若干居室，厅堂设火塘，也有的在居室再设火塘，火塘与厨房合一，近代随着生活方式的变化与防火意识的增强，不少壮民将单独的一间居室作厨房。外围二

至四面有挑廊、阳台或回廊，常在二层延伸出以竹、木板作楼板的露天晒台，可晾晒谷物、衣物等。顶层设阁楼用以储存谷物。多采用近于歇山的四坡顶屋面，或者两坡顶加山墙披檐，层层挑出，形成上大下小、四面临风的独具特色的形象。木楼的窗户多为凸窗，窗格上的菱形或凤凰图案往往使木楼更为精致。桂北壮族干栏一般都比较高大，工艺较为讲究；桂西南一带的壮族干栏体量相对矮小，工艺也比较粗糙。

二、瑶族民居

历史上，瑶族迁移频繁，于隋、唐时期迁入广西东北部，后逐渐向广西腹地发展。从桂北的都庞岭、越城岭、大南山、大苗山、九万大山，到桂南十万大山，从桂东的大桂山，到桂西的青龙山、金钟山，都有瑶族居住。

瑶民们喜欢聚寨而居，如龙胜红瑶的大寨、田头寨、壮界寨等等。瑶寨多建在山坡较高处，木构干栏是山区瑶族常用的居住建筑，木楼排列整齐，多依山而建，自然形成若干小组团（图

图2-7　龙胜平安寨壮族民居

图 2-8　龙胜金竹壮寨民居

2-9)。瑶寨在组团与单幢干栏建筑在外观上与壮、侗、苗等少数民族较为类似，但在内部空间构成上有自己的民族特色，以金秀县金秀村茶山瑶最为典型：堂屋是建筑的中心，神位设在堂屋迎门墙壁的正中（当然，也有一些瑶族是不供奉祖先神位的，如南丹白裤瑶），神龛雕刻精致，神秘而庄重；神位背后的房间最为尊贵，一般由家中的长者居住；与壮、侗等少数民族一样，"火塘"在瑶族人的家庭生活中占有极其重要的地位，是家庭活动的中心，家中的炊饮、取暖、聊天、待客等都在火塘边进行；大门旁边的外墙上挑出一个"木楼"给女孩子居住，离地面约 2m，男孩与女孩约会时爬上爬下很方便，这就是金秀瑶居中最具特色的"爬楼"（图 2-10）。富川、象州等地常见的三间堂式瑶居也很有特点，多为砖墙，底层住人，上为阁楼，用于仓储，或作男女青年的卧室。

　　瑶族村寨中有少量的风雨桥和戏台（图 2-11）。风雨桥的桥廊都是木结构，屋顶覆以青瓦，供往来行人休息或纳凉；逢年过节时，戏台便成为了瑶族村民歌舞的地方。

三、苗族民居

　　广西苗族主要分布在桂北、桂西北和桂西地区，从桂北的资源、龙胜、三江、融水、罗城、环江至桂西北的南丹、隆林、西林、田林，到桂西的那坡，形成一个大弧形，与湖南、贵州的苗族分布区连成一片，与壮、瑶、侗、汉等民族相互杂居，关系密切。

　　苗族多聚居于深山大岭之中，村寨一般依山而建，多选址于半山腰，也有一些选址于山顶，如隆林县德峨乡张家寨（图 2-12）。在融水苗族自治县，苗族村寨多建在山脚或平地上，选址于近水处也是苗寨的一个特点（图 2-13）。苗族村寨一般不是很大，以 30 至 50 户居多；近年来，由于交通条件改善，与外界交流频繁，在地势平缓之处的规模较大的苗族村寨也很常见。再如柳

图 2—9   龙胜红瑶大寨瑶族民居

图 2—10   金秀瑶族民居

州三江县，这里的苗族与壮侗民族杂居，苗区盛产木材，因此很多房屋都是木质结构（图 2—14）；新中国成立前，苗族人民生活比较贫困，大多数人住杉木皮房、草房以及竹篾捆扎的"人"字形叉房，新中国成立后，多居竹木为主的吊脚楼房。苗族的吊脚楼房多是木楼盖瓦，木板作壁，人居楼上，空气流通，凉爽、宽大，楼下关养牲畜、堆放农具杂物，与壮、瑶的干栏民居相似。

四、侗族民居

广西侗族主要分布在桂北的三江侗族自治县、融水苗族自治县和龙胜各族自治县，其中以三江县侗族人口最为集中，少量侗族分散在龙胜、融安、罗城等地与其他民族杂居，总体呈现出大聚居、小分散的格局。

侗族村寨多伴山、临河溪而建，寨前有集中的田地，也有些村寨散落在较高的山坡上，喜同

图 2-11　富川瑶族风雨桥

图 2-12　德峨乡张家寨苗族民居

图 2-13　融水元宝寨苗族民居

图 2-14　融水苗族民居

族聚居。无论同族村寨或与其他民族杂居的村寨，村寨建筑群体布局与外部空间构成上最大的特色是：村寨必有鼓楼（聚集议事及娱乐的场所），大的村寨鼓楼可达几个；沿溪必有风雨桥，鼓楼与风雨桥的造型丰富多样。也常设独立的或与风雨桥结合的寨门，井亭、戏台较为普遍，常将多家木楼连接成排。这既适应侗族的民族生活习俗，也反映了能歌善舞、以"侗族大歌"著称的民族文化传统（图2-15、图2-16）。

每户干栏式建筑以三层居多，与壮、瑶、苗等少数民族一样按竖向划分功能区：底层架空层一部分或全部围合为畜圈、农具肥料库房，二层住人，三层主要作粮食存放、风干等用途。平面则更灵活，进深不太大，开间有两间至七八间或顺地势转折。屋顶以两坡顶为主，在山墙面或正、背面按挡雨需要加出高低、长短不等的披檐，形成侗族民居形态上最鲜明的特色（图2-17）。

五、汉族民居

汉族在广西各地均有分布，梧州、玉林、桂林、钦州、柳州、南宁、北海等地是汉族居住较为集中的地方（图2-18）。

汉族民居最显著的特征在于它是以院落为单位的（图2-19）。整个院落以纵向中轴线为准，对称布置。院落中最重要的堂屋布置在中轴线上，堂屋迎门墙壁的正中安放神位，家中的礼仪活动，主要是在堂屋进行；院落中除堂屋之外的其他房屋，按照对称的原则，分布在堂屋左右；多进式院落，以中轴线贯穿前后，纵向排列，层层递进。在城镇中，出于商业与居住集于一体的需要，便出现了院落缩小为小天井、每户面宽小而进深长的"竹筒房"。

在村寨中，院落之间的距离很近，形成集群

图2-15　三江侗族民居

图 2—16   三江程阳风雨桥

图 2-17　三江岩寨侗族民居

式的院落组群。一般情况下，同宗同姓的院落，会按照同一朝向排列，共同组成一个大院落群，大院落前有小院落共同的前庭和院门。在大的村寨或古镇中，汉族村寨沿街巷线性排列，院门都朝街巷开设。如灵川县大圩古镇，一条青石板街，与漓江平行，院落沿街巷两旁排列，形成典型的带状格局。

天井是汉族院落中特有的空间。院落是封闭的，天井则是封闭中对天宇开放的空间，有通风、采光、组合实体建筑等功能，是实体建筑之间的缓冲与过渡；院落中除了墙体对人的肉体有封闭作用外，传统宗法和礼教对人的精神也有禁闭作用，而有了天井，处于肉体、心灵双重封闭中的人们，就有了一个可以透气和舒缓的空间，因此，天井又具备了它特有的精神功能。如果房屋为"实"，那么天井即是"虚"，院落是虚实结合的空间。汉族院落这种虚实结合的特点，是汉族

文化中对于虚实、阴阳、圆缺、祸福等对立统一关系认识的一种反映（图 2-20）。

一些经济实力较强的居民或社会名流，他们的住宅往往改变了传统民居堂屋、正房、厢房等布局，采用西式别墅的内部空间组成和造型，或中西合璧的形式。其中典型的有：

高山村李拔谋进士第和牟日铢故居。两座民居风格是主房高大而重院深藏，坐西向东，门户向阳，屏屋遮掩。前半部疏阴开阔，影壁、屏风点缀典雅幽静，后半部逐层攀升，飞檐屋脊纵横，庄严肃穆。古人称为"聚龙窝凤"。院落则由厅、屋、厢房、耳房组成，四进三厅或三进两厅，为岭南四合式结构。上厅供祭祀、族长议事，中厅接官议政，偏厅接客会友，楼厅藏书课子，厢房横屋起居饮沐，家庭聚居，集政、住、居、教于一体（图 2-21、图 2-22）。

冯子材故居，又名宫保第，位于钦州市白水

图 2—18　灵川县长岗岭汉族民居聚落

图 2—19　灵山苏村民居

图 2-20　灵山大芦村民居

图 2-21　纵横起落的山墙及
屋脊

图 2-22　典雅幽静的民居
院落

塘村，建于光绪元年（公元 1875 年）占地面积
64350m²，现存建筑面积 2020m²，是一组汉族砖
木结构地居建筑群体。建筑群所处环境平缓，但
建筑群体内有三个小山丘，当地群众称为"卧虎
地"，周围以墙垣围合。故居主体建筑为三间并
排的砖木结构大瓦房，坐北向南，屋分三进，每
进三栋，每栋三式，构成富有古风特色的"三排
九"的建筑模式。面通宽 40.5m，通进深 45m。
主体建筑面阔 3 间，比左右两间房屋略高，主次
分明，合梁与穿斗式混合构架，硬山顶，灰沙筒
瓦盖。屋顶墙头均饰精美的浮雕和雕塑艺术造型，
建筑注重牢固实用，没有豪华的装饰，但技高艺
精。室内梁、柱、门、窗、匾联以珍贵格木制成，
浮雕工整，造型端庄，朴实严谨。故居内还有宗庙、
塔、宇、马厩、鱼塘、水井、花园、果园等附属

图 2-23 冯子材故居及其建筑细部

图 2-24 中西合璧的李济深故居

建筑（图 2-23）。

李济深故居，位于苍梧县大坡镇料神村。距市区 40 多公里，清光绪十一年（1885 年）李济深诞生于此。故居建筑建于 1925 年，占地面积 3342m²，现存建筑面积 2010m²，有大小厅房 53 间，为庄园式砖木结构建筑群。故居主体建筑群三排两进，分为上下两层。侧面设两厢，有回廊连通前后排建筑。建筑群体四角设有炮楼，是一座进可攻、退可守的建筑物群。炮楼与主体建筑连接方式独特：在建筑瓦面建有墩子式的人行道连接。故居建筑风貌中西合璧。院内天井的铺砖按古八

卦图排列，门窗上雕有传统的花草图案；二楼四周回廊栏杆及女儿墙装饰则按西式风格设计（图 2-24）。

六、客家民居

广西的客家人多分布在桂东南一带，如玉林、贵港、梧州、贺州、钦州、北海等。客家民居多为俗称的"两厅两横"式或"三厅两横"式，其中又以"两厅两横"式较为常见。进了大门，沿着中轴线走，依次是下厅堂（俗称二座厅下）、矩形天井、上厅堂（俗称头座厅下）。厅堂上面的屋脊做成龙状，俗称屋龙，为板筑砖砌瓦盖的建筑群体增加许多灵动的生气。天井两旁有马颈廊通向横屋，横屋数十间在厅堂两侧次第排开，形成侧翼。横屋各间依小天井、小厅（俗称厅子）、巷道而作合理安排。两横屋的小天井在厅堂之间的大天井两侧，呈对称之势。两边横屋的小巷门与厅堂大门，方向相同，门口是晒坪（又称禾坪）。晒坪外是围墙、大门楼。俗话说："千斤门楼二两屋"。对门楼的建造，讲究朴素美观大方。

民居内住房的安排，依然是按辈分高低。小家庭在小厅聚会，所有小家庭可在厅堂聚会。厅堂与晒坪，可成为开会、学文、习武、搞编织和农产品加工的地方。这样的客家民居，便于生活和生产，也有很强的凝聚力。厨房（俗称灶下），多安排在民居内天井旁，显得非常神圣高洁。

厕所、牛栏、粪屋，均远离厅堂和居室，或连着横屋而建于晒坪旁边，或建于大门楼之外。人畜绝对不能混居。有的横屋转斗或横屋后端上的炮楼，高有枪炮眼，与门楼的枪炮眼相呼应，自成防御体系。总体布局讲究通风、采光、安全、卫生。与梅州围龙屋不同的是，供奉祖先的头座厅堂后面不能再起房子，以为祖宗后面背房子，受压，不吉利。与非客家屋不同的是，厅堂门口或大门楼门口，也不许再起房子，以为有碍风水。门前一定要有池塘，力求有清洁的流水。屋前屋后一定要有竹木，多栽种果树。要是人口多了，房屋不够用，只能在厅堂两侧外面再建新房，或另建殿堂式民居。一个村子，常常有许多殿堂式

图 2-25　客家民居的多进式院落

图 2-26　客家民居的天井

民居群，而所有的民居厅堂都不能高于村中的祠堂（图 2-25、图 2-26）。

第三节　广西民居的结构划分

按结构划分，目前广西民居大致保存有干栏式、半干栏式和砖木地居式三种主要类型，由于民族的不同和地区的差异，它们在造型特征、内部空间、平面布局等方面都有所不同和创新之处。

一、干栏式

如前所述，干栏民居是山区少数民族一种特别的楼居形式（图 2-27、图 2-28），主要特点有：

①高二至三层，底层架空通透，既防潮又轻盈，可关养牲畜，也可作存储用，亦可设木栅栏或竹篱笆围护以防盗；中层住人，内部空间宽敞，空气流通自如，室内至为凉爽；顶层为阁楼层，用于粮食存储，也可以住人。

②平面结构布局灵活，内外结合自然。居住层平面方正规整，设板梯上下，近门处设火塘，为全室起居中心；堂屋两侧或后面设卧室；前部设外廊和晒台，自由活泼，是白天活动的主要场所，也是建筑同环境融合呼应的一种表达方式。

③规整的穿斗木构架体系已发展成熟，建材以竹木为主，且就地取材，亲切朴实而经济，以前的屋顶覆盖物多是树皮和竹片，现在主要是青瓦。

④木构架（框架结构），墙体不承重，为户主提供了分期建房的便利。

壮族麻栏的后期发展水平较高，它又有"重棚"之称，即为重楼式，意指其外观以完全的楼房形式出现。但全干栏式建筑在适应复杂山地条件、结合地形、利用坡面空间和便利内外联系上有一定的局限性，因此，全干栏式建筑现存不多，散见于边远山区的壮、侗、苗、瑶等民族中。

二、半干栏式

半干栏是干栏在寻求更适应山地环境的过程中创新发展的一种形式，也称"半边楼"（图

图 2-27　三江林溪乡侗族干栏

2-29)，其特征有：

①半楼半地的平面空间组合，形制成熟，多

为三开间一字形平面，较大者加梢称"三间二磨角"。外形虽简单规整，但在纵向上则分为两大

图 2-28　融水苗族干栏

部分，即前部为楼居，后部为地居，特别能适应各种复杂的山区地形和苛刻的基地条件，同自然环境有机契合。

②别致巧妙的曲廊入口和退堂手法。入口常设于山面方向，通过曲廊导入正面退堂处的主要宅门，打破了干栏由底层登梯入室的传统方法，使室内外联系更为灵活。

③功能分区合理。底层为半地下空间，作圈栏杂储之用，常结合外置晒台，扩大生产生活空间；中层为半楼半地面的居住层，布局与其他干栏不同，多为"前室后堂"；顶楼为阁楼层，储谷囤粮。半干栏建筑内部空间划分细致灵活，功能性强，表现出少地基、多空间、小体形、大容量之特色。

④多用歇山顶，造型丰富活泼；有的呈二叠，即一悬山加披檐而成，颇具古风遗意，屋脊以鸟饰为题，更显生动。

图 2-29 龙胜金竹壮寨依山而建的半干栏民居

⑤穿斗构架机动灵活，造型独特，呈一高一低之势，楼层吊脚因地形长短伸缩灵活自如。

由于半干栏形完善成熟，具有高度的灵活性、适应性、经济性和合理性，因此，在广西少数民族地区数量较多，显示了它强大的生命力。

三、砖木地居式

砖木地居一方面由砖木干栏发展而来，另一方面也由中原直接传入。它与干栏建筑相比，有如下变化：

①木材的使用减少，土坯、砖、石等材料使用增加。

②从干栏的木构屋架承重发展到砖木墙体承重。

③从楼居发展为地居，从人上畜下共处一楼发展为人、畜分离。

④从平面布置上看，从简单的矩形单体到复杂单体，最后发展成为单体的组合（院落），通过天井连单体形成合院。

砖木地居式建筑主要分布于明清两代传统民居的汉族村寨，如灵川县江头村（图2-30），它是一个保存了明清两代传统民居的汉族村寨。明代民居一般为单立座，低矮、狭窄，通风透气性差，房内幽暗，整座房屋只设一个独门，没有天井，正堂或次间都没有阁楼。清代民居则比明代的高

图2-30　灵川县江头村汉族村落

图 2-31 富川秀水村民居

大、宽敞、气派，每座房子都有大门楼、二重门、过厅、正堂等，中间设天井，两边建有厢房，具有四合院特征。富川县秀水村也是典型的砖木地居式村落（图 2-31）。

总的来看，广西民居在民族融合与文化交流中呈现出多元的样式。

第三章　广西民居建筑的功能与形式

第一节 民居的建筑功能

建筑物是为了满足人们生产、文化、生活的需要而建造的，而建筑功能又随着生产力的发展和生活水平的提高而日益复杂。总的来说，民居建筑蕴藏着物质、精神两方面的双重功能：物质方面的功能满足人们生产生活的实用需求；精神方面的功能传达民族传统文化、民风、民俗，是一种传统生活方式的重要载体，民居在空间上物化地承载着少数民族的传统文化，从而传递着民族的思想观念与价值取向（图3-1）。

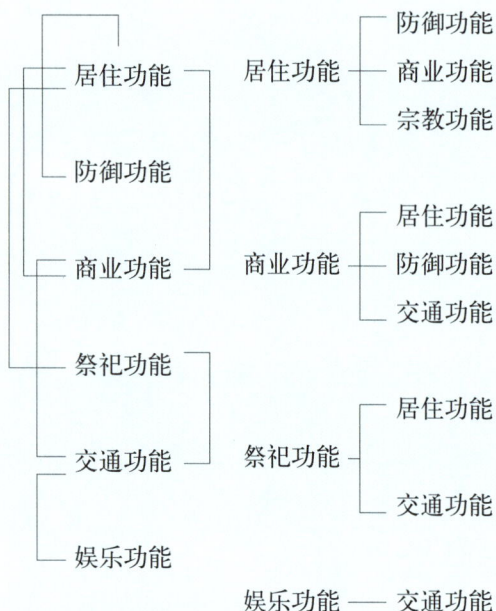

图 3-1　建筑功能关系图

在特定的地理条件、气候特点以及历史文化背景下，广西各类民居建筑在原始干栏建筑的基本形制上不断衍生发展，同时受到汉族及其建造技术的影响，广西民居的功能、形式因此而变得多姿多彩，如：仪典性的鼓楼、守护神灵的庙坛、防御性寨门和围墙、与居室分离的谷仓、娱乐性的戏台、宗教塔阁、交通性的亭桥、宗族祭祀性的祠堂、教育性的书院等等。如图3-2所示，每个民居的建筑功能不是单一的，它往往跟其他建

筑功能相结合，共同形成一个满足人们多样化需求的综合体系。如商住结合的骑楼，以"前街后店，下店上居"形式，既能满足居民居住需要，又能满足商业活动要求。又如一些汉族传统民居建筑群，不仅供居家生活，在空间组织、单体结构群体组合上又体现了自我防御功能。

一、居住功能

传统住宅建筑的物质性功能是为了满足人们的生理需要，可以防风雨，避虫兽，供栖息；而精神性功能是能够满足人们的心理，供观赏、交流和崇拜，为居住者提供安全感、愉悦感和成就感。住宅内的居室设置使得家庭活动各得其所：厅堂用于祭祀和会客，卧室用于就寝亦可兼作储藏室，厨房用于炊煮饮食，具有辅助功能的楼梯、挑廊、阁楼、晒台等，则起到联系、组织空间的作用，并具有通风、采光、防潮、防盗、挡雨避阳、保暖遮风等功能。

如图3-3所示，在壮族、侗族等少数民族的干栏住宅建筑中，以"住"为核心，堂屋、卧室放在第二层，饲养家畜放在底层架空层，而储藏空间如谷物、农具则通常放在屋顶的阁楼。厅堂居中，空间高大宽敞。厅堂也是供奉祖先牌位和举行祭祖酬神活动的重要场所，因此它位于居住功能实体的中心位置。另外，厅堂常常是举行各种聚会仪式的重要场所如会客、庆贺新生儿的满月酒、婚嫁仪式、寿辰仪式、丧葬仪式等等都是在厅堂里举行，因此厅堂拥有宽敞的空间，给家人、客人以开阔宽松的空间感受。此外，宽大开敞的厅堂还有很多优点，如有利于空气的流通，形成凉爽舒适、空气清新的居室环境，还有利于保持居室的干燥，防止粮食、衣物霉变等。

卧室灵活安排、分隔。相对来说，卧室给家庭成员提供的是一个私密、休息的场所，在壮族、侗族等少数民族的干栏住宅建筑中，居民常常根据家庭的组成结构来安排、分隔私密的卧室。卧室多安排在堂屋的左右两侧和后进间，也有的在大门两边；其房门一律朝向厅堂，使厅堂成为住

图3-2　融水安太乡林洞村苗寨民居的物质功能和精神功能

宅视线、活动的集聚点。各卧室之间用木板密封分隔，形成相对隔离的独立空间，互不干扰，保持安静的休息空间及个人的私密性。同时，居民多在卧室上部架檩铺板成为阁楼，既可用来储放粮食和杂物，扩大干栏的使用面积，又能起到隔热挡尘、保持卧室阴凉清洁的作用。

总之，干栏住宅建筑的平面布局与功能组织紧密相连，是人们在长期的居住生活实践中，经过不断的摸索、不断的改进而形成的；而各种辅助功能建筑要素之间都具有现实作用，都是居住

生活不可缺少的。

二、防御功能

防御功能是民居建筑里非常重要的一项功能，为了抵御外族的侵略以及防范洪水、野兽、蚊虫等自然灾害，广西各民族人民利用他们的智慧和高超的技艺，在自己的住宅中采取了防盗、防洪涝、防雷、防腐、防虫蚁等措施。如壮族干栏民居的底层架空可以很好地防潮、防涝、防虫蚁，适应当地炎热少雨的气候，并保持室内阴凉、干燥。如图3-4-c所示，贺州市五柳居庄园是称量

牛栏

椿米间　　杂物间

a. 底层平面

卧房

厨房　　堂屋

耳房　　　耳房

b. 二层平面

储藏功能

居住功能

辅助功能

c. 剖面

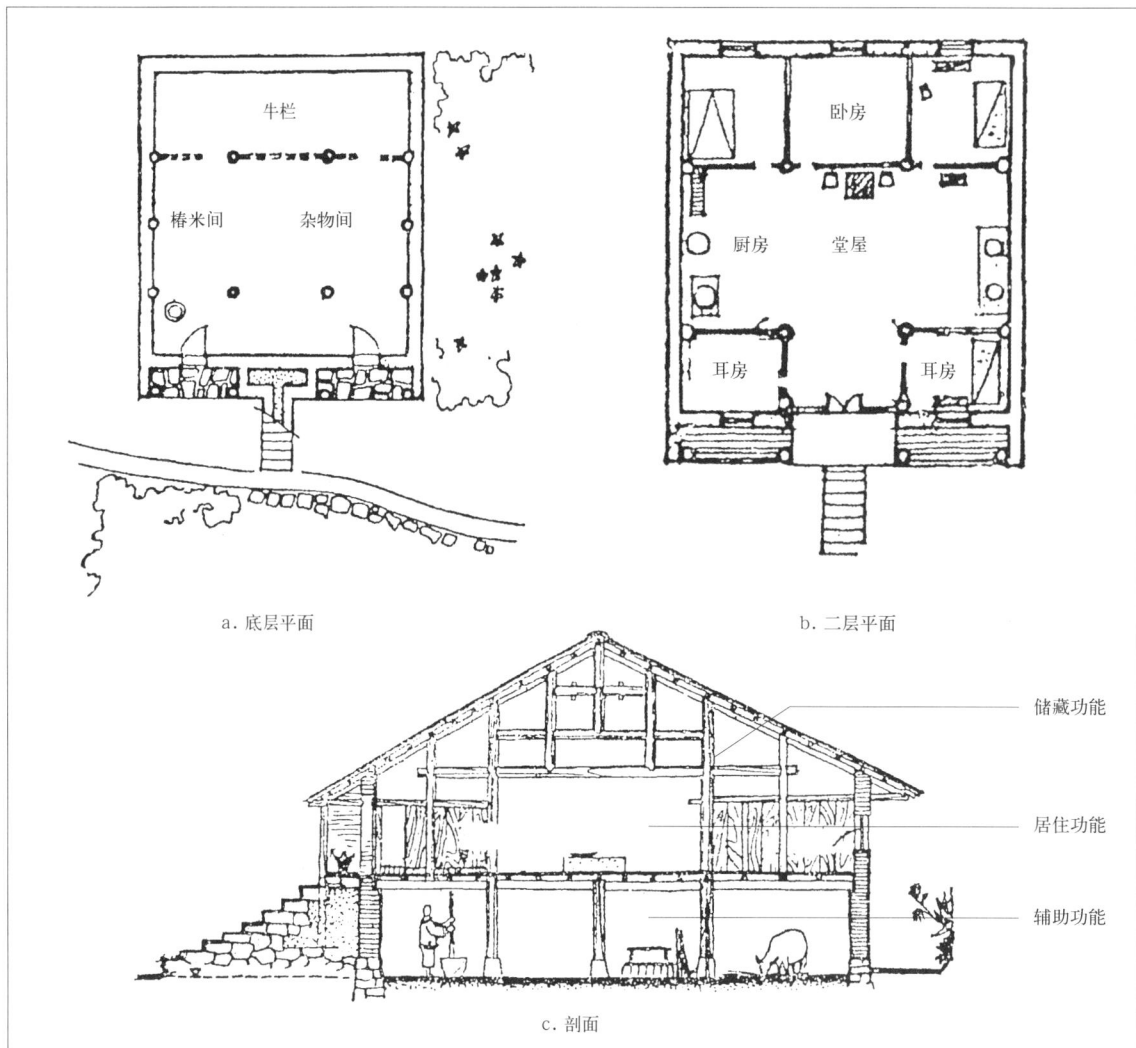

图3-3　靖西东利某干栏民居分析

粮食、进行交易买卖的场所，侧面建筑山墙上有观察敌情的瞭望口，也可作为抵御外敌的狙击孔。

有些地方则善于利用建筑群体组合来构成集体防御的空间模式，防御外敌和盗贼，保护宗族利益。如图3-5所示，龙州县上金乡鲤鱼街由两旁的壮族民居建筑群围合而成，街道平面为中间大、两头小，形若鱼肚，故得名。街道中间为公共活动空间集市场地，两端设有推龙门，日起夜闭，当两头寨门一关，整个寨子形成了一个封闭的防御空间。又如，黄姚古镇街巷两旁的房屋层层相退，街道轮廓相互交错，大部分房屋山墙还留有射击孔，这种房屋布置便于邻里相互守望、看护，使得整个古镇易守难攻、进退自如。

三、商业功能

民居住宅不仅适合居住，在商业发达的地区还发展出一种"下店上宅"的临街型骑楼式建筑（图3-6）。骑楼式建筑最早盛行于南欧、地中海一带，20世纪初逐步从广州向岭南地区传播开来，并盛行一时，形成所谓的"南洋风格"。岭南地区气候炎热，在以步行为主要交通方式的时代，需要能为行人、商户遮阳避雨的场所，因而骑楼应运而生，它是岭南地区居住与商业结合的典范。

骑楼综合起来有以下几个特点：

①居家店铺之前的廊道是室内到室外空间的过渡，具有双重作用：一方面，它具有遮阳避雨的"伞"的功能，另一方面，狭长、连续的空间

兴业县庞村汉族民居	龙州县壮族民居		金秀县瑶族民居	a.居住功能
钦州市刘永福故居	那坡县达文屯壮族民居	三江侗族干栏民居	隆林张家寨苗族民居	
阳朔西街	昭平县黄姚古镇商铺	三江林溪寨侗族骑楼	龙胜红瑶街边小店	b.商业功能
昭平县黄姚古镇错落的山墙	贺州市莲塘镇客家围屋	贺州市五柳庄山墙枪孔	钟山县龙道村瞭望塔	c.防御功能

图 3-4　民居功能实例一览表

a. 鲤鱼街全景

b. 寨门

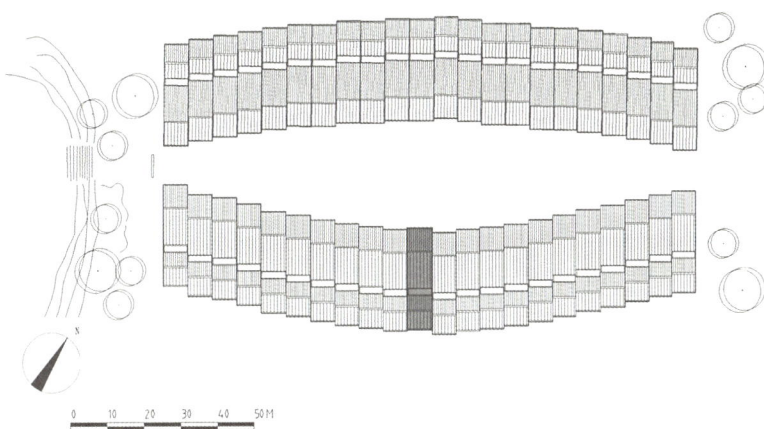

c. 上金乡鲤鱼街总平面示意图

图 3-5　具有防御功能的上金乡鲤鱼街

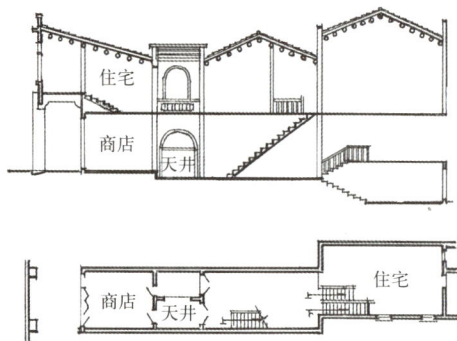

a. 传统住宅"前店后居，下店上居"的空间布局方式

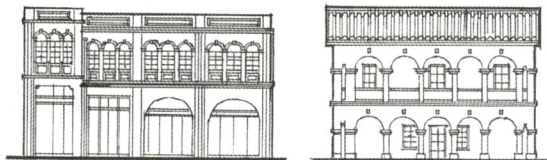

b. 骑楼商业街区形成连续的立面

c. 梧州骑楼街区：具有欧陆风情的内置式阳台

d. 北海骑楼街区：连续柱廊形式

e. 南宁兴宁骑楼街

图 3-6　具有商业功能的骑楼建筑

实际上又形成了一个商业人行道。

②骑楼发端于改善生活环境，进而成为商业谋生的场所，以商业活动为主，表现出洋为中用的开放意识。

③骑楼空间有浓郁的生活气息。由于其对气候的适应，逐渐成为居民聊天、纳凉、交换信息、晚间凉眠的地方，反映了岭南商业文化与社会文化的地域特色。

④骑楼沿街连廊连柱，立面连续完整，中西合璧，表现出多元共存的独特风貌。

⑤骑楼街道空间由密集毗连的 2～3 高建筑组成，楼底空间净高约 3～5m，人行道宽约 1.4～2m。建筑立面色彩以贝灰白色和米黄色为主，立面造型多样，建筑之间少有雷同。

在广西南宁、梧州等城市中，还遗留着许多密集毗连的骑楼式建筑。廊道上空是楼房，下边一面向街道敞开，另一面是店面橱窗，人们可以沿骑楼店面选购商品。店铺后面是货仓、生活用房，楼上一般住人。

四、祭祀功能

宗族、宗教等精神观念对各民族的日常生活起了凝聚和纽带作用。民居建筑的宗教功能不仅仅体现在宗教建筑上，还反映在简单朴实的民居住宅空间中。种类繁多的民居建筑是民族生活的真实写照，传达了他们的精神寄托和向往（图 3-7-a）。

宗教建筑大致具有以下几个特点：

① 普通民居住宅的堂屋。堂屋通常都有朴实的祭祀祖先、神灵的神位牌空间；这些空间一般处于堂屋的中心位置，层高也较高，常形成神圣的空间感。

②遍布各个村落的宗祠、庙宇、教堂等公共建筑与民族的传统活动、节日庆典等紧密相关，具有宗教和祭祀功能。这类建筑的规模不等，大至 1000 多平方米，小至 100 多平方米，但建筑的公共活动面积普遍较大。

③以祭祀祖先、文人、地方长官、宗教神人、法师为主，同时具有观景、军事演练、表演以及

钟山县英家镇粤东会馆	贺州市临贺故城祠堂（汉）	三江马胖鼓楼	福溪百柱庙	a. 祭祀功能
贺州富川现代风雨桥	贺州富川古城墙门	灵山县大卢村甬道	三江林溪寨沿河公共走廊	b. 交通功能
三江八协风雨桥	龙州县石拱桥			
三江马鞍寨鼓楼	三江林溪干栏戏台	富川秀水大戏台	钟山县古戏台	c. 娱乐功能

图3-7　民居的建筑功能实例一览

公共聚会等功能。

　　④现存的种类繁多的宗教建筑大多建于明清时期，分别反映了各个时期、各个民族的不同建筑风貌。

　　⑤砖木结构或全木结构，并且通常在建筑形制、结构上有重大突破，如图3-8所示的恭城文庙。

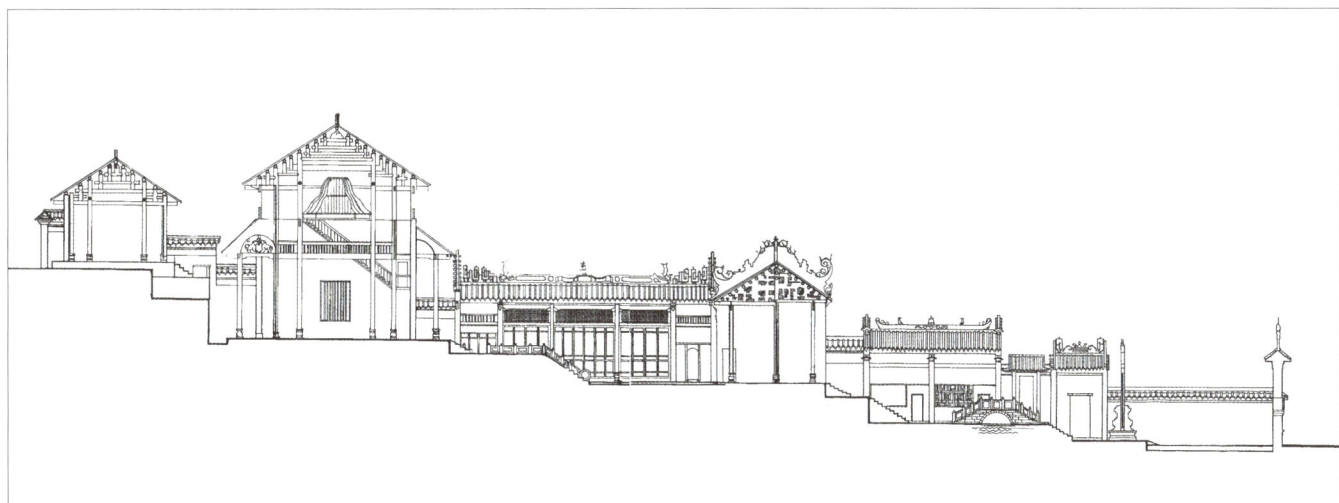

图3-8　具有祭祀功能的恭城文庙

五、娱乐观演功能

民居建筑与少数民族的生活息息相关，为他
们的民族活动提供物质化的场所。广西少数民族
能歌善舞，常有丰富多彩的戏曲、歌舞等民俗活
动，这就促成了观演建筑的形成，如戏台。汉族
和侗族通常有专门的戏台建筑，而山区壮族、瑶
族的演出活动多在露天空地上进行。一般来说，
戏台建筑平面以"凸"形、"T"形为主，平面布
局有明显的分割，其中包括舞台空间以及给演员
化装、换装准备的后台空间。舞台空间一般拔高，
视线开阔，有些还在舞台空间减柱以避免影响观
瞻。如今保存下来的戏台以砖木结构居多，年代
也较为久远。如图3-9所示的三江同乐乡南寨鼓
楼把戏台跟鼓楼建筑结合在一起，在建筑造型上、
空间组合以及功能上具有侗族特色和多样性。而
三江独峒古戏台适应山地地形，底层架空通透，
疏密有致的木栏杆使得背后的远山被衬映出来，
建筑与周围环境互相渗透（图3-10）。

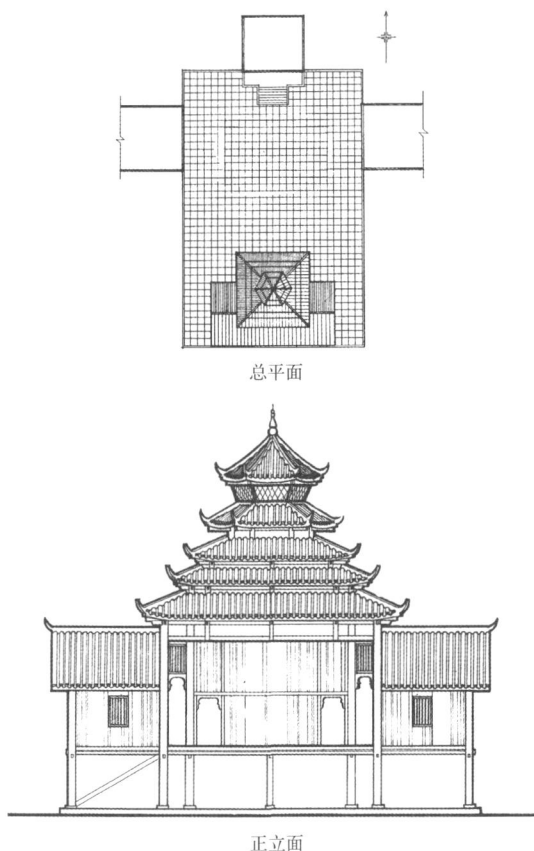

总平面

正立面

图 3-9　三江同乐乡南寨鼓楼

图 3-10　具有娱乐观演功能的三江独峒古戏台

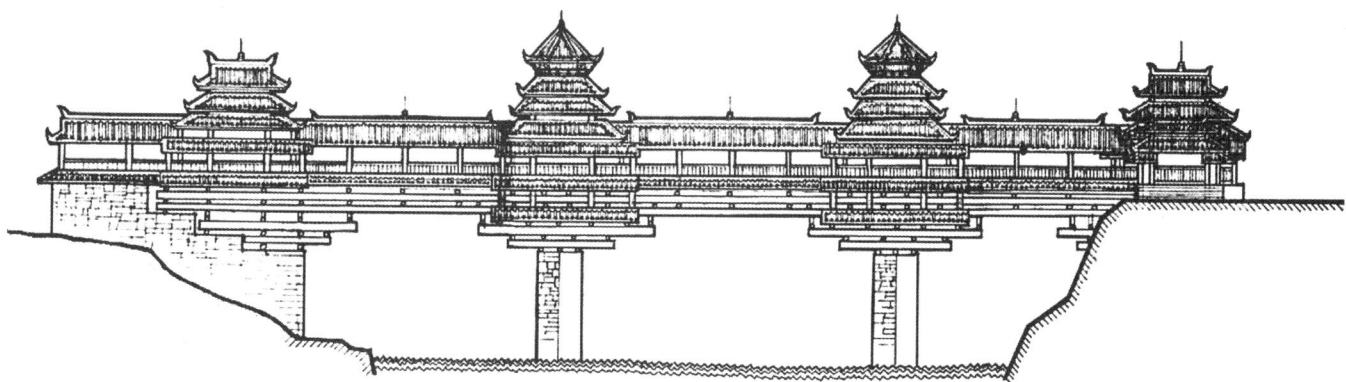

a. 三江独峒乡八协寨巩福风雨桥立面图

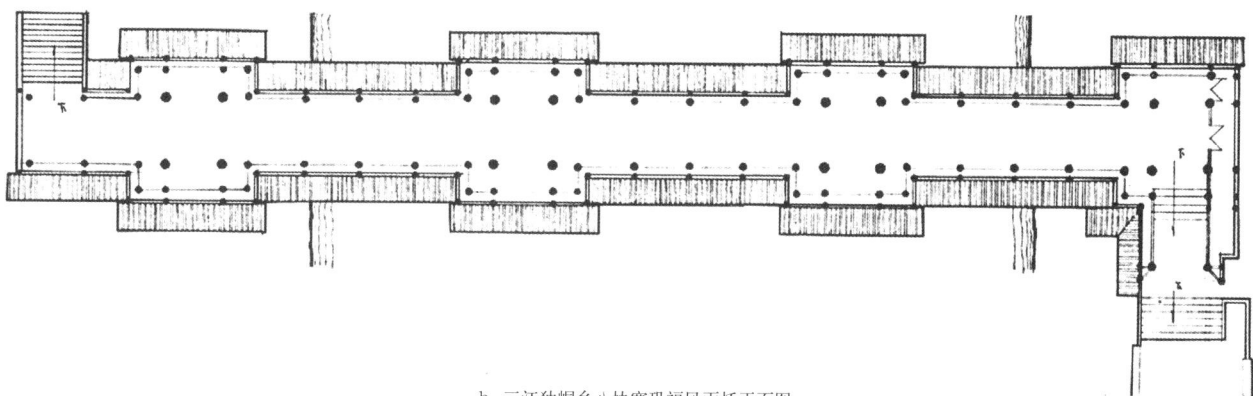

b. 三江独峒乡八协寨巩福风雨桥平面图

图 3-11 具有交通功能的风雨桥

六、交通功能

通常来说，交通功能是相对于聚落而言的，而建筑与交通功能的结合更是体现了民居建筑与街道、村落的有机联系。民居建筑功能的多元性和合理性，给现代建筑提供了一个很好的参考。如前所述的骑楼街区，骑楼下部可供人通行、穿越，很好地体现了交通的功能。另外，侗族的风雨桥也是建筑具有交通功能的典型例证（图3-11、图3-12）。侗族的风雨桥不仅可以穿越通行，而且还有供人乘凉、躲雨、聊天、休憩、交

易的作用，桥上还设置神龛，供村民祭拜神灵。

风雨桥的建筑结构以榫锚结构为主，不用铁钉，运用杠杆原理横跨河流之上。建筑材料也因地制宜，有用青石料的宾阳南桥，砖木结构的富川青龙桥，侗族风雨桥则采用杉木居多，且保留下来的风雨桥数量最多（100多座），形式也最具特色。这些风雨桥都历经数百年仍保存完好，风格独特。风雨桥在村落里的位置也遵循风水观念，风水的好坏，对整个村寨都有影响。

图 3-12　三江独峒乡八协风雨桥

第二节 民居的建筑形式

一、平面形式

广西各民族的先祖在长期的民居建筑营造实践中，营造技术不断提高，空间分析的意识也逐步由朦胧走向清晰，广西民居的平面布局也经历了从简单到复杂、从一室到多室、从简陋到逐步完善的发展过程，逐渐形成了合理的民居平面布局和居室分隔。

广西传统民居的基本单元一般为矩形三开间，其平面形式虽方整却不呆板，紧凑而不显局促，经过精心布局组合的平面空间统一而又变化灵活。矩形平面是最基本的平面形式，被各民族广泛运用，除此之外还有曲尺形、"凹"字形、"凸"字形等。民居建筑造型式样多，对称及不对称布局兼而有之，并在此基础上纵横发展、组合自由，形成有二进、三进、四合多种形式的住宅。建筑群体在排列方式上既有南北向相连的，也有东西向相连的，也有的主要考虑利用地形多建房屋，并不太注重朝向。如"干栏式"民居的平面布局根据所处的地域形成了不同的形式。图 3-13、图 3-14 着重分析了广西干栏居室的平面布局方式，其中包括并列式、环绕式、敞厅式、自由式四种。

（1）壮族民居的平面类型

壮族民居主要分为"干栏式"和"院落式"两种类型，山区和半山区常采用"干栏式"，平原地区以"院落式"为主。

相比之下，"干栏式"的壮族民居更为普遍，根据分布的地区不同，其建筑特点各异，形式多变，还可细分为高脚干栏、矮脚干栏、半地居干栏、地居式干栏等类型。这些干栏民居多为二层三开间，设阁楼，建筑外立面常有披厦。干栏民居底层用作圈养牲畜，二层为居住层，阁楼作储藏之用。居住层分隔成堂屋、卧室、储藏室和火塘（厨房）四大部分，这是满足人们居住生活的基本建筑元素以及干栏建筑须具备的实用功能与布局结构，而差别只是具体的平面布局和空间划分形式有所不同。开间尺寸有主次之分，厅一般开间为 4m 左右，厢房开间 3～3.3m，进深 8～10m 不等。每榀构架的柱数多是 5 柱或 7 柱，底层高

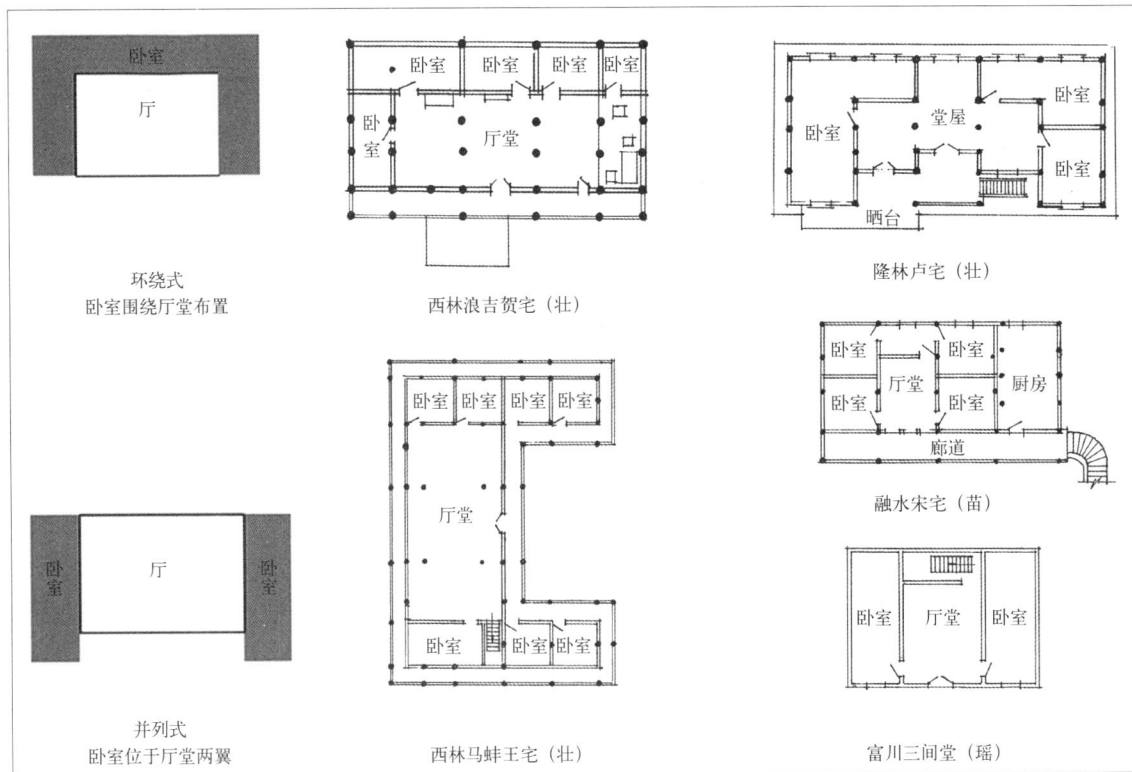

图 3-13　广西干栏居室平面布局方式之一

环绕式
卧室围绕厅堂布置

西林浪吉贺宅（壮）

隆林卢宅（壮）

融水宋宅（苗）

并列式
卧室位于厅堂两翼

西林马蚌王宅（壮）

富川三间堂（瑶）

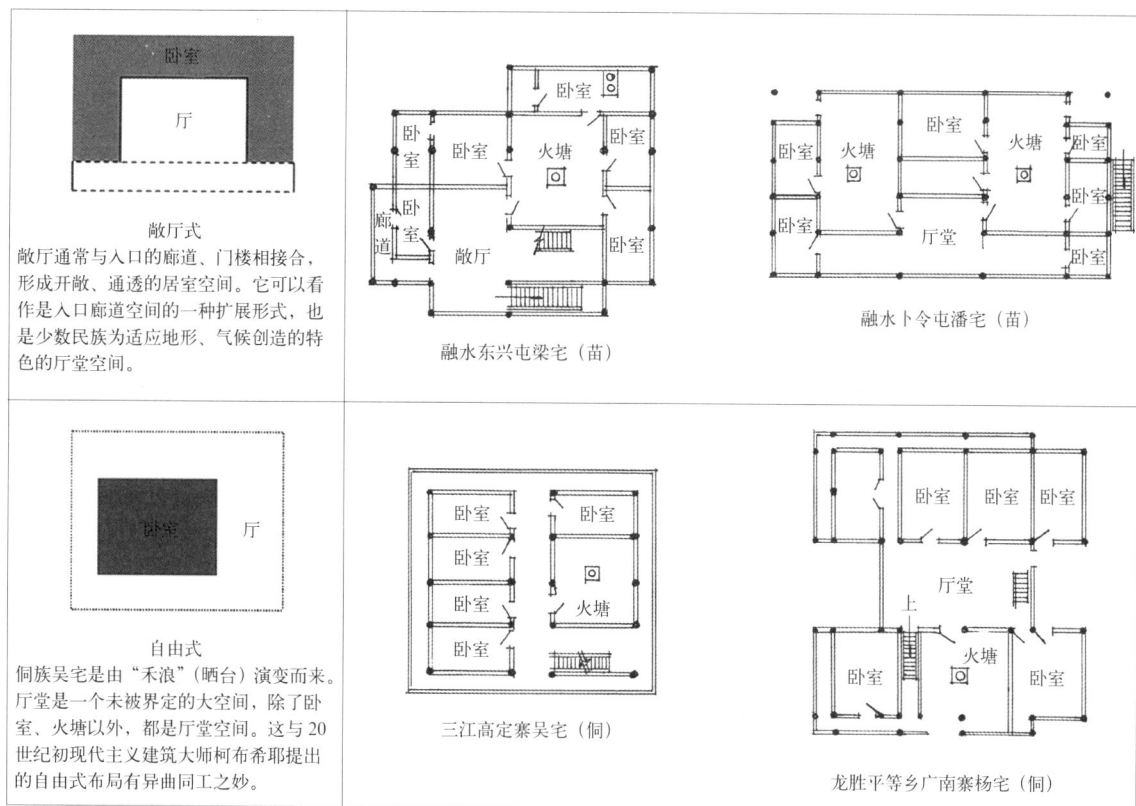

敞厅式

敞厅通常与入口的廊道、门楼相接合，形成开敞、通透的居室空间。它可以看作是入口廊道空间的一种扩展形式，也是少数民族为适应地形、气候创造的特色的厅堂空间。

融水东兴屯梁宅（苗）

融水卜令屯潘宅（苗）

自由式

侗族吴宅是由"禾浪"（晒台）演变而来。厅堂是一个未被界定的大空间，除了卧室、火塘以外，都是厅堂空间。这与20世纪初现代主义建筑大师柯布希耶提出的自由式布局有异曲同工之妙。

三江高定寨吴宅（侗）

龙胜平等乡广南寨杨宅（侗）

图 3-14 广西干栏居室布局方式之二

1.6～2m，二层高 2.2～2.4m 左右（图 3-15）。

桂北地区的壮族干栏住宅建筑，平面布局规整对称，合理实用。桂西地区是壮族主要聚居地，也是干栏住宅建筑分布最广、数量最多、形式最为丰富的地区。这里的干栏建筑很典型，即房屋分为上下两层，下层架空，用来圈养牲畜；上层为居住层，人们离地而居，以避潮湿。桂中地区的壮族干栏住宅建筑平面以"凹"字形为主要特征，流行二进三开间，造型规整，布局对称，简单实用。这里的干栏住宅建筑层高相对较低矮，空间也相对较小。上层为居住层，大门设在凹口正中，楼梯设在门外。前为厅堂，约占房屋面积的三分之二，正中壁上设立神龛神台，是家庭举行祖先祭拜和会客之处，也是家人进入各个卧室的必经之路。神台后间一般不住人，用作储藏室，放置日用的生活用品；若住人只能是老年男性居住，妇女不能居此间，否则认为会"秽"祖先神灵而不吉。堂屋两旁的左右厢房也分隔为卧室，按壮家习俗，男孩住左间，女孩住右间，儿大结婚则另建新屋分居；有的同时留出一间作厨房，

也有的人家在主屋后侧增设一披间作为厨房和舂米磨豆作坊。

桂南地区的壮族干栏住宅建筑是一种次生形态的干栏，房屋大多分为三开间，中间为前堂后室，左右开间多分隔为二，分别作为卧室（或储藏室），另外一间为厨房。建筑以砖木结构为主，大多以石块勒脚土坯砌墙，内为二榀三柱式木构架；也有的为土砖山墙，架设檩木铺板为楼层，中间前檐下设梯和栈台式走廊进入正门。建筑结构简单，规整对称，基本能满足一个小家庭居住生活的需要。

（2）汉族民居的平面类型

广西的土著民族原是壮族等少数民族，自商代以后，这些土著部落开始与中原地区汉人交往联系，随后陆续有汉人进入岭南地区，随着广西境内汉族分布地区逐步扩大，其民居类型也因地区不同形成不同的平面布局形式。

在桂东、桂南和桂北等以平原和盆地为主的地区，汉族传统民居的共同特点是：讲究坐向，多坐北朝南；以木梁承重，以砖、石、土砌护墙；

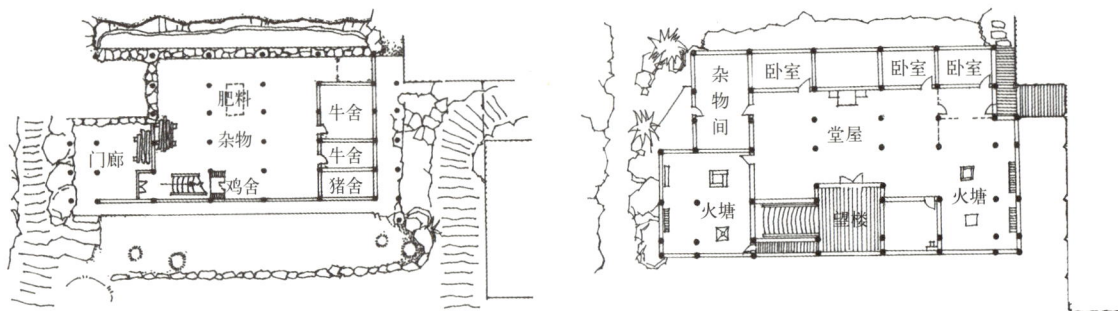

a.龙胜龙脊廖家寨某宅底层平面（左）、二层平面（右）

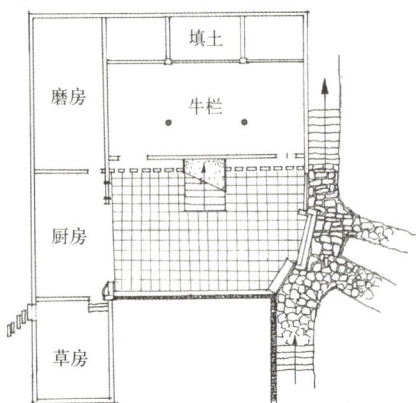

图3-15 桂北及桂
中干栏建筑

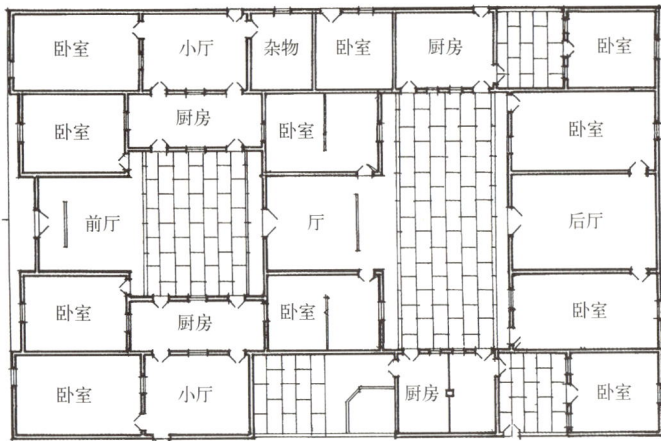

b.宜州市得胜县某宅一层平面（左）、二层平面（右）

图3-16 桂南钦州市刘永福故居底层平面及外观

以堂屋为中心，并以雕梁画栋和装饰屋顶、檐口见长；讲究飞檐重阁和榫卯结构。

由于受孔儒礼教文化的影响较深，这些汉族民居建筑空间上表现为强烈的等级意识。常见的建筑平面布局为规整的、左右对称的四方矩形布局，平面形式多为院落式，一般有前院、中院和后院之分。前院式较常见，其平面布置以三开间为主，建筑平面中为厅堂，堂屋一般不设阁楼，以提高厅的净空；厅堂前设回廊，回廊围合形成天井；天井两侧是左右厢房，成"三高两矮"空间格局，两厢房左右厢房设四间卧室，左厢房后半部分是父辈住，前半部分是未婚儿女住。右厢房前半部分是母辈住，后半部分为儿媳住，厢房上设阁楼，主要用于储存粮食。建筑的大门居中并朝南开启，通常另有后门，但后门不在中轴线上。整个建筑的中轴线非常明确，轴线两侧基本上完全对称。这种规整统一的平面结构，体现了"风水"理论中均衡、协调的意识。钦州市刘永福故居就是这种平面布局形式的典型代表（图3-16），灵山县大芦村、兴业县庞村等地汉族民居也如此。

桂北、桂西北地区的汉族民居大部分集中在山区，其中也有相当一部分融入壮、傣、瑶、苗等民族聚居区，建筑形式深受当地民族的影响，民居多利用山坡建房，多为干栏式建筑，平面和外形相当自由，很少以建筑组群布局出现。

（3）瑶族民居的平面类型

瑶族民居几乎都建在山坡上，称半边楼。主要平面形式有明间多进式、单开间狭长式和横排（长廊）自由式（图3-17）。明间多进式房屋前厅宽敞，占据房屋的整个前半部，神位设于堂屋正中，紧靠神位背面安排卧室。卧室父辈居中，右侧为女儿房，左侧为子媳房，有的在前厅安排一个厢房作为子媳房或客房。火塘建在堂屋右侧土筑地台上以利防火。单开间狭长式建筑以金秀瑶族自治县的金秀村瑶居最为典型，房屋进深在20m以上，建筑之间常用过廊穿越连通。建筑正面设吊楼，吊楼距地面2m左右，吊楼房间为少女的"闺阁"，也是瑶族青年男女恋爱幽会时"爬楼"之处。

居住在高山的"盘瑶"、"山子瑶"的房屋为曲线长廊式，通常是盘山建房。"盘瑶"以横排（长廊）自由式建筑为主。这种建筑形式比较古老，整个房子是一个大间，以木柱分成四部分，中间是大厅，上是全家的卧室；卧室分成若干小间，按辈分分居，父母、儿子、女儿各一间，猪、牛、谷仓均设在房外。住宅从右侧进屋，便是长方形的大厅，中立三脚架，煮饭烧水全靠它。大厅前是卧室，卧室前是堆房和澡堂，出左门便是谷仓和猪栏。有些房屋为一进三大间或两进五大间，只有特别富裕的人家才有两进五大间。整个房屋的结构形成曲折的长廊形，背依高山，前临陡坡，地板向山外伸出，铺上竹木，下面由若干横木柱支撑。

（4）苗族民居的平面类型

苗族由于长期分散居住，因此民居建筑根据不同地区有各自的特点。民居的典型平面为硬山式三开间，有些房屋两边封山各有一个披厦，形成两端下削的五开间（图3-18）。一般来说，建筑的平面形式有"前廊式"、"内廊式"和"侧廊式"三种，以"前廊式"较为多见。由于地形地势以及住户人口数量等因素，也常见一些苗族民居在

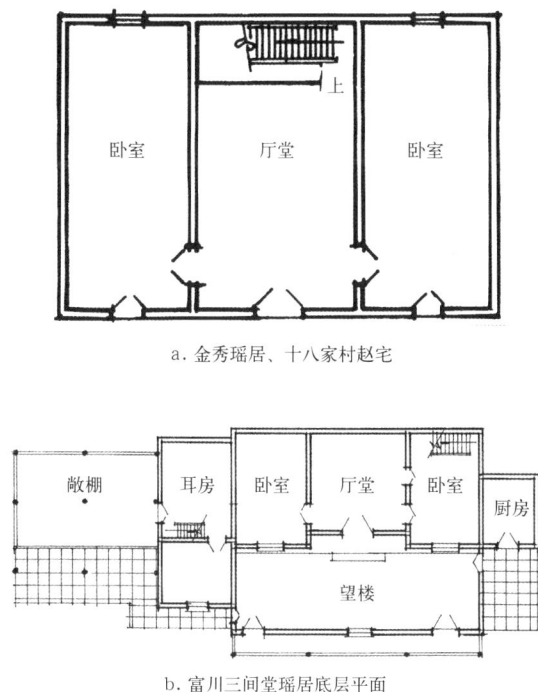

a. 金秀瑶居、十八家村赵宅

b. 富川三间堂瑶居底层平面

图3-17　瑶族民居

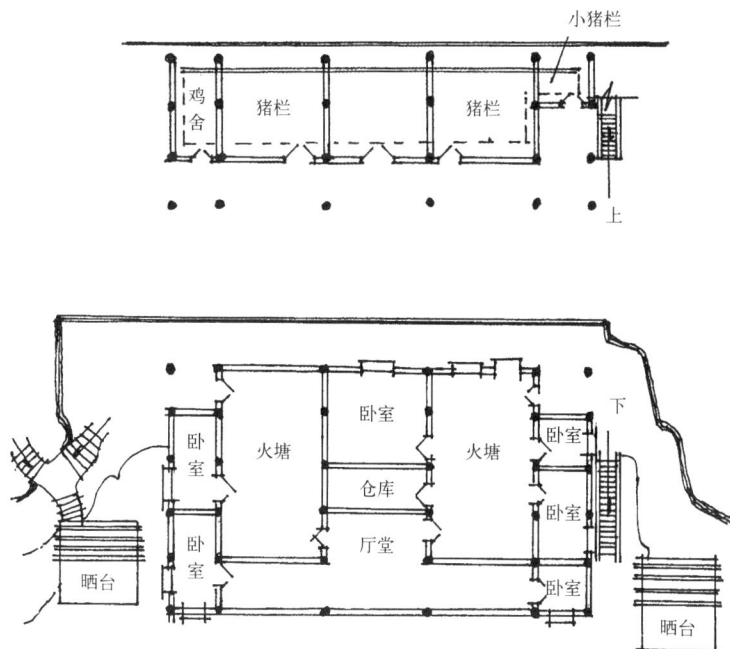

图3-18　苗族民居

住屋的一端向前或向后加建，使整个平面呈"L"形。苗族民居一般层高较小，底层架空用于饲养牲畜、堆放杂物及农具等。房屋一般设开敞的半室外楼梯上楼，并在二层设有敞开前廊，前廊较宽敞，进深在2m以上，摆有竹椅、竹凳供人休息、闲谈使用。

（5）侗族民居的平面类型

侗族民居多分布在桂北山区，该地区盛产杉木，因此当地居民利用杉木造了大量侗族木楼。侗族木楼上上下下全由杉木建造，歇山式屋顶上盖青瓦，呈曲面流水状。侗居多取三开间至五开间，开间尺寸一般为3～4.2m；部分有明次间之分，明间大，次间稍小。平面形式以大厅堂、小居室为特征，非常实用。

由于地形所限，侗居一般不往纵深发展而取横向排列，分别有走廊式、套间式和跃廊式。其中走廊式分别有单面廊、双面廊、三面廊、跑马廊等；套间式以厅堂、敞廊为中心，居室围绕其旁布置，平面紧凑；跃廊式数户横向排列，端部或中部设公共楼梯，以通廊联系各户（图3-19）。

侗族木楼一层不住人，以防湿气、虫咬毒蛇猛兽的侵袭，以饲养牲畜、安置柴草、石碓等农具为主。人居二、三层，二层一般设有走马转角廊、火堂、神龛间、卧室及客房，三层一般为青年女子居所以及存放谷物之处。火堂一般设在厅廊之后，在堂屋中间约一米见方的地方不铺楼板，由四根小方柱或一根独柱撑起四方架，将四条青石托住，中间添土夯实，形成四方形火炕。火炕上从屋顶垂吊下备烘烤用的"昂"（大竹笼），火炕中心放置准备炊用的铁三角架，以备随时置锅，燃火炊用。

二、立面特征

建筑体量组合与立面处理一般从以下几个方面考虑：主从分明、对比与变化、稳定与均衡、比例与尺度、虚实凹凸、色彩与质感、装饰与细部。广西民居立面简单朴实，主要通过材料的对比、构图的虚实来呈现多样性、层次感和与环境的和谐。不仅如此，民居的立面构图具有丰富的

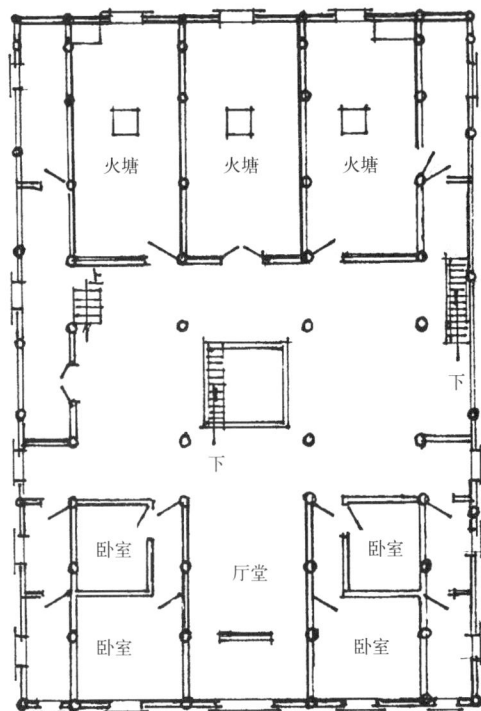

a. 套间式侗族民居二层平面

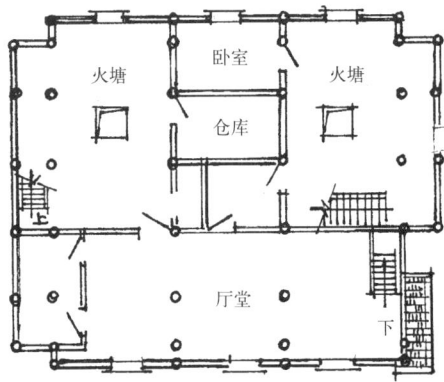

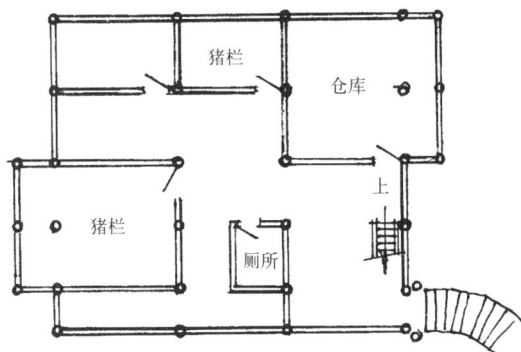

b. 三江马胖寨杨宅底层及二层平面

图 3-19 侗族民居

层次感，通过与周边环境的层层呼应而营造了非常统一的具有少数民族特色的乡土氛围。并且在建筑材料、整体色泽和立面体块上，各种建筑元素之间相互联系，互为因果，互相补充。

汉族民居屋顶在立面占的比重很大，一般可达到立面高度的一半左右；且多在檐口上做变化，使得原先强硬的立面轮廓通过各种细部装饰得到了弱化和细化。如临贺故居祠堂，在侧立面上可以看到马头墙形式或观音兜形式的山墙，其建筑材料、构造方式均有江南传统民居的痕迹。

如图 3-20、图 3-21 所示，民居立面的美感还通过实墙和檐口下的虚空间对比来体现。所谓虚空间，是指一种功能上多义的，性质上模糊的空间。虚空间有多种功能，可以满足居民日常生活多方面的要求，例如每家老人常习惯坐在门口做针线活、闲聊或看家；而檐下空间可以遮风避雨，形成一个进入里屋前的缓冲空间。一般来说，民居的实墙一般采用黄泥和清水砖墙，同时也采用树皮、树枝和竹子等材料，形成质感、色泽富于变化的立面效果。

如图 3-22 所示，干栏民居单体建筑从立面上来看，有以下三个基本特征：其一是半室外的楼梯，楼梯顶部设有披檐，但梯段部分落于披檐滴水线之外。楼梯处外墙一般上虚下实，既能保持住户私密性，又有很强的虚实对比的艺术效果。其二，屋顶形式多变，通常利用屋檐、披檐的叠落，与环境相互呼应。其三是常具有宽大的敞廊。宽大的敞廊能够充分利用地形，既适应当地居民的生活习惯，又符合当地的气候特点。其四，建筑通常为二、三层，也有四层、五层的。层高较小，一般为 2～3m，面宽一般 15～18m。其五，建筑大多两端披厦，四周吊角楼，楼檐层层而上，檐柱吊金爪。

三、剖面类型

建筑是一个地区的产物，它总是扎根于具体的环境之中，受具体的地形条件、气候条件所制约。干栏建筑能适应各种复杂的地形，既能充分

a. 西林县定安镇民居

b. 贺州市临贺故居祠堂

c. 钦州市刘永福故居

图 3-20　硬山搁檩式民居建筑的几种立面类型

图 3-21　贺州静安庄大院

图 3-22　干栏式建筑的几种立面类型

利用有限空间又不破坏基地原始地貌，保持原始生态环境。

广西民居剖面类型主要有两种形式：平地民居（图 3-23）和山地民居（图 3-24），尤以山地民居富有特色。广西位于岭南地区，多低山、丘陵，山区地形不适于开展农业生产活动，然而当地居民不畏艰难，以生态的观点顺应自然的地形，沿着山体等高线横向延伸建房。房屋依地势而定高矮，就像一只只巨型立柜盘踞在陡峭的山间。经过长期的实践与探索，当地居民采取简单的挖填形式建房，既节省了大量的人力物力，又解决了因水土流失而造成的泥石流、滑坡、塌方等诸多自然隐患。因此科学而又巧妙地使建筑与地形有机契合，既尊重自然环境，又保持原有的建筑形制。平地民居多为砖木结构，平面布局严谨，讲究工整对称。这是由于广西多民族交往过

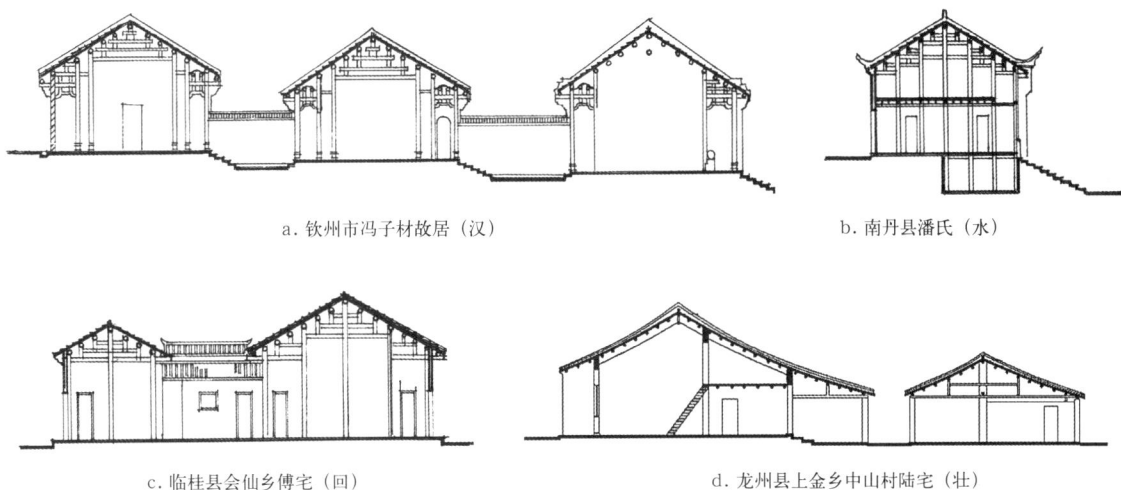

a. 钦州市冯子材故居（汉）

b. 南丹县潘氏（水）

c. 临桂县会仙乡傅宅（回）

d. 龙州县上金乡中山村陆宅（壮）

图 3-23　平地民居剖面

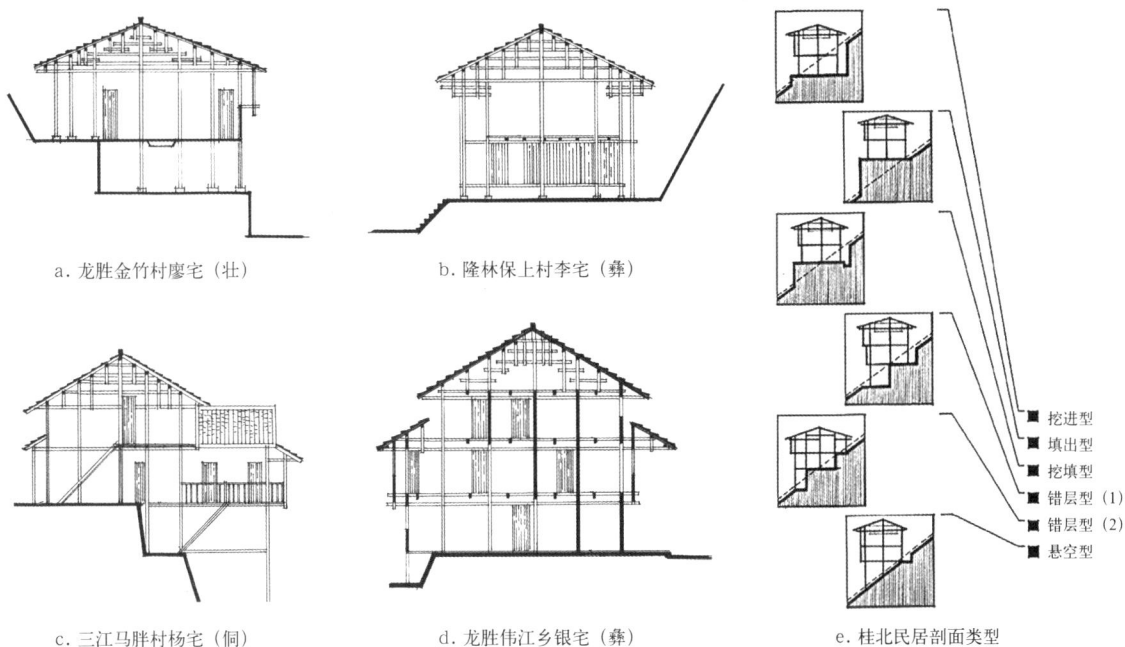

a. 龙胜金竹村廖宅（壮）

b. 隆林保上村李宅（彝）

c. 三江马胖村杨宅（侗）

d. 龙胜伟江乡银宅（彝）

e. 桂北民居剖面类型

■ 挖进型
■ 填出型
■ 挖填型
■ 错层型（1）
■ 错层型（2）
■ 悬空型

图 3-24　山地民居剖面

程中，不断吸收汉族的儒教文化和先进的建筑构造技术，结合本民族的特点创造出多种多样的民居样式。钦州市冯子材故居三进院落式民居采用传统的"三排九"形制，空间布局中轴对称，层层推进。河池市南丹县潘氏（水族）民居底下层关养牲畜，上层住人。龙州县上金乡中山村陆宅（壮）竹筒房式砖木结构住宅，进深达 28m，中间有天井。

广西西北部的地形以山地丘陵居多，少数民族充分发挥聪明才智，运用挖、填、垒等手法对陡坡地形进行处理，房屋具有较强的山地适应性。建筑多就地取材，采用穿斗木构架，同时也形成了广西民居特有的山地干栏特征。根据《桂北民间建筑》的提法，从剖面上看，常见的山地民居挖填方式有挖进型（把一部分坡地挖掉整平建屋）、填出型（把缓坡填平建屋）、挖填型（把坡地部分挖，部分填平建屋）、错层型（无需整平地形，房屋顺应山势层层退让，架在山坡上）和悬空型（通过底层的锚柱支撑房屋，整个挑出悬在山坡上）五种（图 3-24e）。

四、空间

（1）空间的公共性和私密性

广西传统民居较好地体现了空间格局上公共性与私密性的矛盾统一，且空间组织均能做到动静分区、洁污分区，合理处理公共空间与私密空间以及服务空间。民居住宅的公共空间包括堂屋、火塘、院落及街道空间；私密空间则为家庭成员的卧房；服务空间包括厨房、厕所、走道、楼梯、储藏、晒台等等。

干栏民居是独栋式建筑，以火塘作为家庭活动的中心；而合院式民居是建筑的群体组合，以"院"作为家庭活动的中心，堂屋一般是承担供奉神位的作用。但不论是干栏民居还是合院式民居，它们都非常注重不同空间之间的转换和过渡，例如许多干栏民居前檐下的"回廊"，既是从户外进入室内的通道，又能保护檐墙不受日晒雨淋。

如图3-25、图3-26所示，干栏民居中十分注重公共空间与私密空间之间的混合性。壮族人民在居住空间上，首先注重空间的公共性，然后才是私密性。堂屋和火塘是家庭成员活动的公共空间，堂屋是以供奉神位为主的空间，而火塘则作为家务、农务、会客活动的核心，使家庭成员及宾客之间的交流更为融洽。如此堂屋为主体，火塘为中心，形成了一个精神主体统一物质生活的中心空间，这个中心空间处于一种统领的作用。一般来说，一栋大干栏民居里可以居住两代人，因此两代人合用一个堂屋，而分别各有一套火塘空间。火塘也有主次之分，屋主的火塘一般较大，而晚辈使用的火塘则稍小。卧房处于空间上辅助的地位，围绕堂屋展开或置于一侧，各自独立的卧室保证了家庭个体的私密性。

位于桂东南地区的汉族民居发展较为成熟，空间次序分明，层次丰富。从纵轴上看，居住空间有层次地分隔成半公共、半私密空间（廊道）、公共空间（堂屋、院落）和私密空间（卧房）。汉族合院式民居以"内省"和"私密"为基调，其中"院"充当了不可替代的角色，起到串联各个局部空间的作用：它一方面将大自然与室内空间相联系，保证了内部空间与外部空间的相互联系，另一方面成为家庭里交流以及进行家务、农务活动的重要场所。

（2）空间尺度及序列

功能决定空间，空间又反作用于功能。不同建筑功能对不同空间的形态、形状具有很强的制约性，而且不同尺度的建筑空间在满足人们各种活动的效果上会造成很大的差别。以下几点说明了不同建筑功能对空间布局、形态以及尺度上的要求：

1）居住功能空间整体布局合理实用，平面形式较为规整，适合居家团聚休息。

2）防御功能空间曲折错落，并注重运用整体布局达到防御作用。

3）商业功能空间尺度稍大，并注重店铺联结成片以促进商业发展。

4）宗教祭祀功能注重营造神圣、静谧的空间氛围，尺度在长、宽、高上偏大。

5）交通功能空间具有流动性和运动感，从起点到终点要求便捷、通畅。

6）娱乐观演功能尤其强调视线良好，不影响观瞻，周围空间也较开阔。

根据人活动过程和时间的先后顺序，有目的地把各个空间组织为开始、发展、高潮、结束的形式，突出体现时间参与的因素影响，在空间的组合形态上必然形成序列，如组织具有祭祀、交通、观赏游览性质的空间时就属于这种空间序列关系。如图3-27所示，忻城土司衙署由五进院落组成，处理政治事务的大厅是主空间，被放在空间序列的第一进院落，体现了政事大厅的权威性和重要性；而衙署长官闺女居住的房间是次要和附属空间，被放在空间序列的最后一进院落；衙署长官宴请宾客的大厅也是次要空间，该空间也被放在空间次要轴线上，由侧门进入宴请大厅。

一般来说，在一组空间中，尺度较大、位置居中、经过多次限定得到的空间是主要空间；而尺度较小、位置较偏的空间是从属空间。公共建筑的空间体量一般比较大，通过突出建筑空间的

图 3—25　那坡县达文屯黑衣壮族民居堂屋

a. 火塘空间

b. 居室分隔

图 3-26　那坡县达
文屯黑衣壮族民居
的空间构成

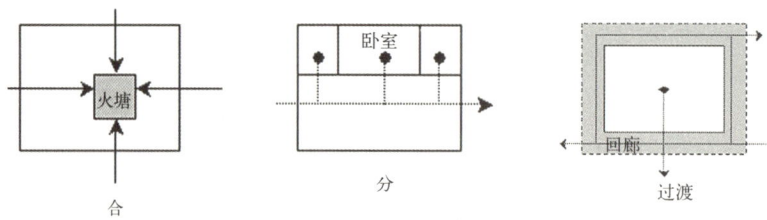

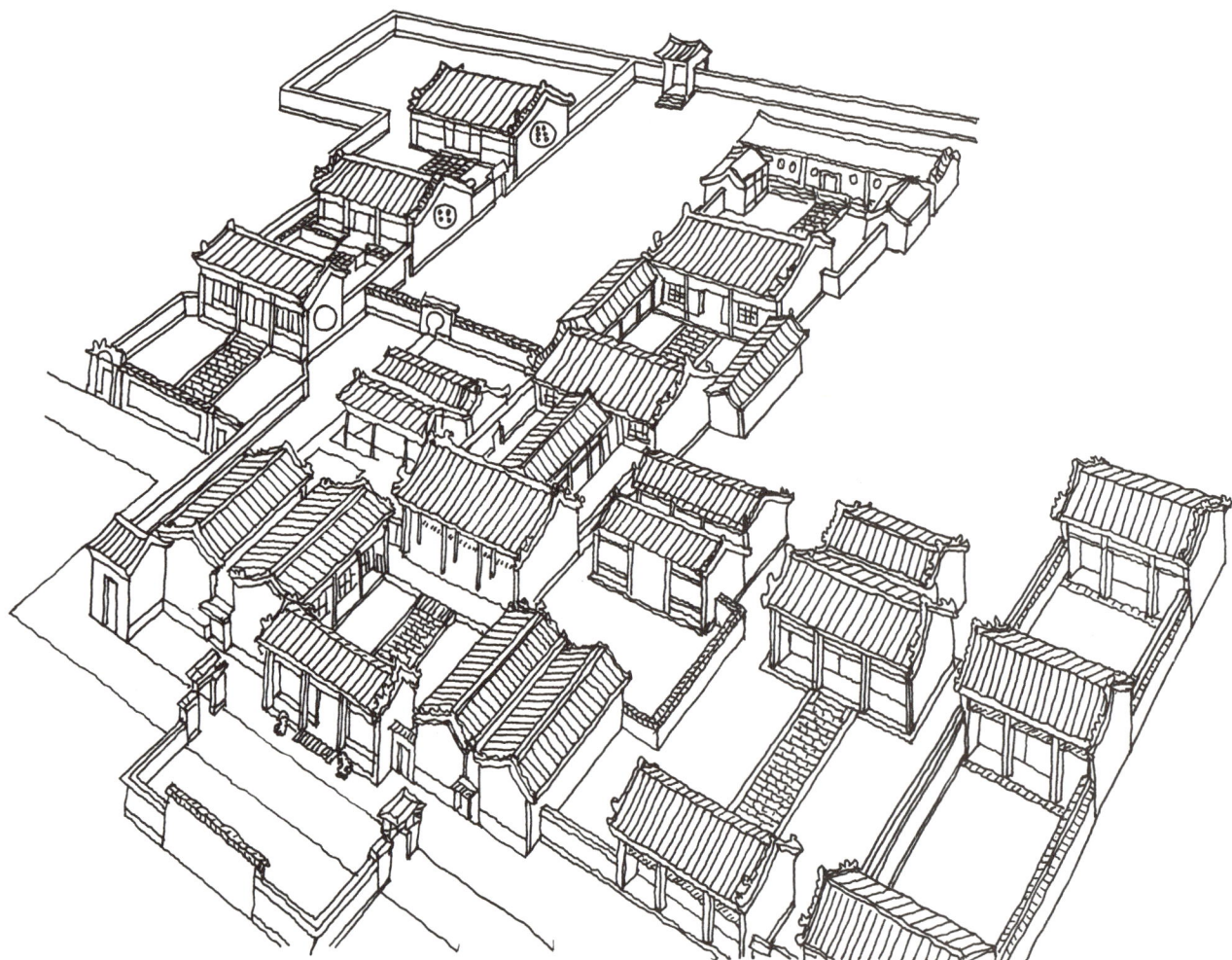

c. 民居住宅的空间次序

图 3-27　忻城土司衙门的空间布局

体量与尺度，不仅能够容纳更多的人进行集体活动，且有利于营造与建筑功能相符的空间氛围。民居由于仅供一家人或两家人的家庭使用，建筑尺度一般按照人体工学比例，以适应居家生活。住宅以堂屋空间为主，卧室为次，厨房、厕卫、楼梯为辅，构成了一套空间布局合理、功能齐全的功能空间综合体系。

第三节 民居的建筑语言

建筑作为一门综合性的空间语言，通过基本的建筑语素以及界定其构成方式的语法来表征特定的空间理念。就如同盖房子一样，砖块是基本的建筑语素，而砖块的砌法则是连接基本要素的造型方法。同时，建筑同样也可以分为古典、现代的语言，现代语言简单洗练，而古典语言往往繁杂隐讳。广西传统民居建筑有其民族化的建筑构成要素，并有其独特的造型方法，乡土化的建筑材料。我们把组成民居建筑的建筑构成要素简称为传统语素，它们包括台、挑、井、廊、架、吊、漏；而其相应的构造方法则成为传统语法，它包括：联、隔、透、伏、融、合。

民居的建筑体系通过对建筑基本空间要素如阁楼、堂屋、卧房、楼梯、火塘等的界定和划分以满足不同的功能要求；然后运用各式各样的空间构成方法对不同的功能空间进行联系、分隔、渗透、围合、过渡、融合，从而营造出丰富多彩的民居乡土建筑。如图3-28所示，每种建筑语素与造型方法之间形成一个网络，各种建筑语素和造型方法综合起来就会达到"天人合一"的完美境界。各种建筑语素及其空间构成方法并不是简单的一一对应的关系，一种造型方法可以运用到多种建筑元素中，每种建筑元素同时也可以使用多种造型方法。

总之，建筑是物质化的文化，任何一个民族的文化特质都能从它那独具风貌的建筑艺术中显现出来。广西少数民族建筑造型不拘一格，建筑造型方法多种多样，依据周边地形、自然环境的

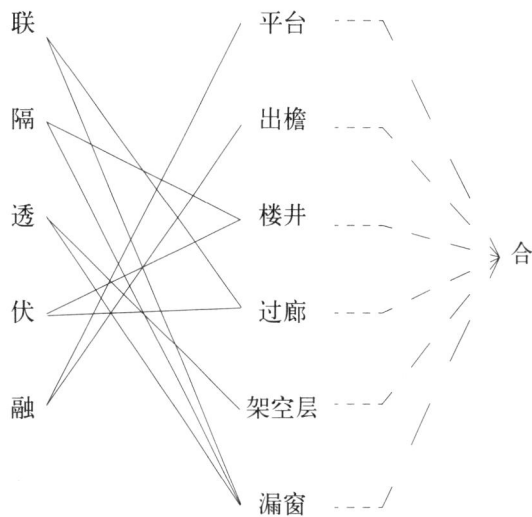

图3-28 民居传统语素和造型方法之间的联系

变化而变化。如图3-29所示的融水苗族民居展现一种原生的、本土的建筑风貌，并且反映出它所采用的建筑语言具有多样性和地方特点，是建筑和环境统一的有机体。

一、民居建筑传统语素

（1）台：晾台、平台

在壮族等少数民族村落里，晾晒谷物、辣椒、熏肉等都是农民日常生活重要的一部分，而由于受到山地的限制，宽阔的晒场是少有的，所以用台来解决这一问题。室外晒台既增加了内外空间的连通，而且延续了房屋的服务空间。图3-30分析了干栏民居晒台的四种形式。在龙胜泗水乡，壮族同胞把晒台缩小布置于房屋一侧，利用竹竿搭建梯形禾晾来晾晒衣物、谷物等（图3-31）。而在平原与盆地地区，采用平地作为晾晒空间就很普遍，如在黄姚古镇利用街道或者阳光充足的空地晾晒谷物。

（2）井：天井、楼井

在历史村落中，人们在具有历史延续性的环境中生活，偏好封闭、静止的空间，好沉思、喜内省，无意识中潜伏着对外部影响的抵制。这种精神特质对于汉族传统民居建筑来说体现得尤为显著：封闭的立面，防卫性的厚墙，孔孔相套的窗洞强调出内部的空间层次感。如图3-32、图

图3-29　融水整垛寨苗族民居建筑

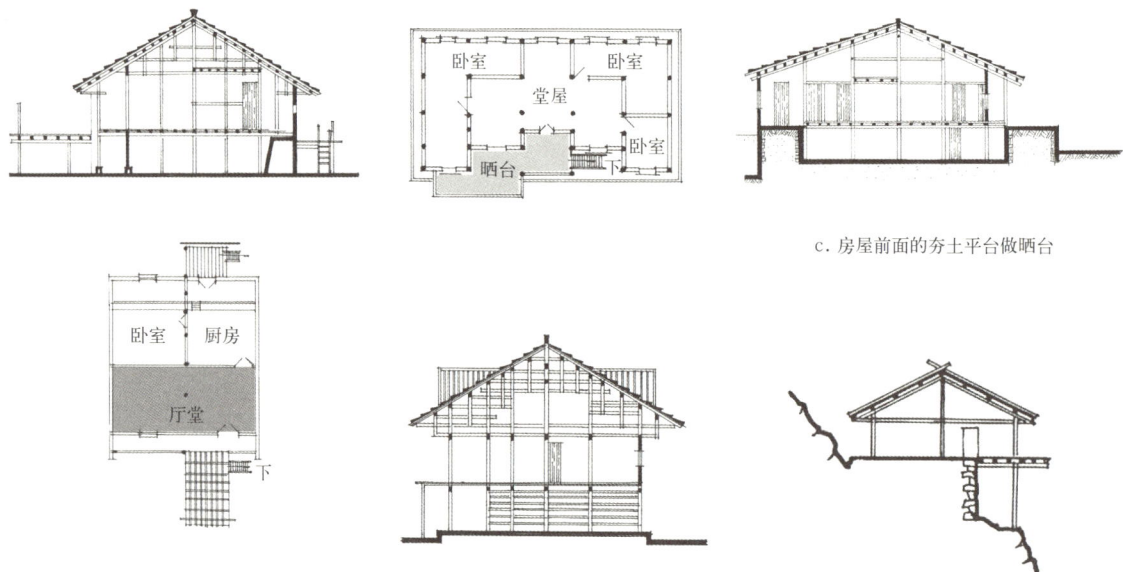

c. 房屋前面的夯土平台做晒台

图3-30　台——晒
台、禾晾、平台

a. 部分房屋前后均有晒台（或竹晾），一个
晒台与厅堂、入口廊道结合，另一个与厨房、
火塘等辅助空间结合

b. 晒台是扩大的廊道空间

d. 晒台并不局限于地形，
以悬挑的方式架在山坡上

图 3-31 龙胜泗水乡民居禾晾

3-33 所示，中心天井是合院建筑的一个重要建筑语素。它连接合院建筑中每个居住实体，强化了空间的存在性和"天人合一"的精神。天井四壁围合，空间特意拔高，最主要的光源直接都来自上方的天空，对外突出建筑的物质性，对内则强化了空间的凝聚性。从建筑功能上看，天井也为一家人团聚、闲聊、晚餐、玩耍、家务活动提供了必不可少的场所，可以说是仅次于堂屋的家庭生活的中心。又如图 3-34 所示，在干栏民居堂屋里，通常把供奉神位空间做高，从而形成一个通高两层的楼井。居室二层处设置回廊，可眺望神位牌。楼井空间光线透过屋顶直射下来，室内空间层高较低使得光线暗淡，形成鲜明对比，从而营造了神圣的空间氛围。

图 3-32　贺州市莲塘镇客家围屋天井空间

(3) 漏：漏窗

壮族、侗族民族干栏建筑的特点可以概括为"通、透、漏"，即视线的通透、风向的通畅和空间的穿插透漏，于是使得山地建筑与周边山水相互衬映，远远望去，虚中有实，实中有虚。此外，合院建筑中善于利用漏窗、门洞、隔扇、建筑、花木等来划分或组合空间，从而创造出通透疏朗、层次错叠、隐约迷离的效果，使人获得多方面的感受和启示。各式各样的漏窗、屏风运用简单的直线、曲线组成千变万化的纹样，不仅能够采光

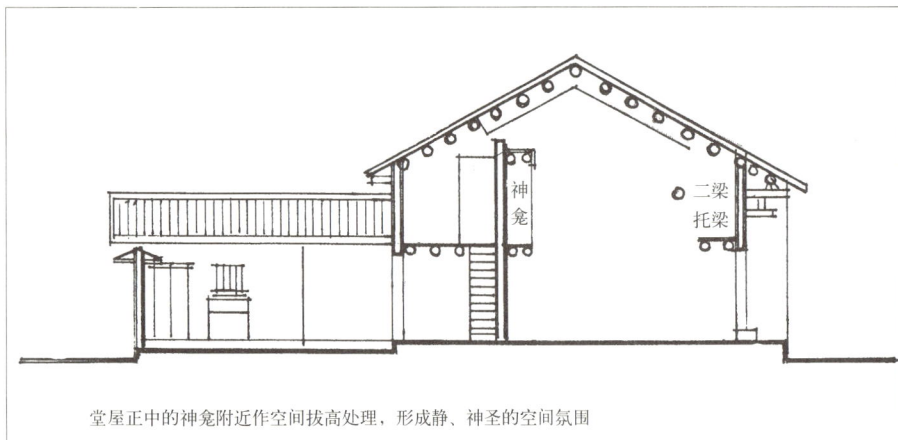

堂屋正中的神龛附近作空间拔高处理，形成静、神圣的空间氛围

图 3-34　阳朔渔村汉族民居楼井空间

图 3-33　灵川县江头村爱莲祠天井空间

图 3-35　玉林高山
村清代民居漏明门窗

图 3-36 阳朔渔村民居漏明门窗

与通风，同时也具有"借景"的作用（图 3-35）。而通过漏窗、屏风等隔断对空间进行分隔，既分隔了空间同时也延续了空间。例如从民居通透的窗花格中，可以看到窗后随风摇曳的绿树红花，而建筑的静与树木的动形成对比，形成了协调平衡的效果（图 3-36）。相比之下，少数民族干栏建筑的漏窗形式简单，运用简单的竖面，水平线条组成风格朴实的图案（图 3-37）。

（4）廊：过廊

在村落里常常出现道路横穿房屋底层、相邻檐廊并行或建筑悬挑一隅的情景，而且各种各样的过街楼、廊道、吊角楼使道路或放或掩或伸，形成曲径通幽，步移景异的巷道空间。图 3-38 分析了四种民居过廊在平面、剖面及空间构成的

图 3-37　三江程阳寨风雨桥上漏窗

a. 西林马蚌王宅
檐廊出挑环绕房屋一周，使得建筑造型有层次感，而且挑檐又可遮阳避雨

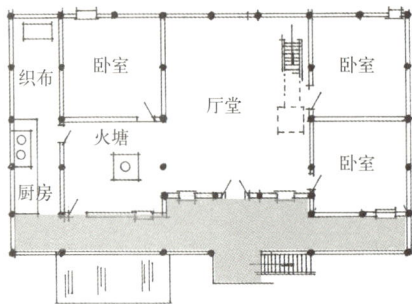

b. 入口门廊（左）望楼厅沿着屋子
外沿向室外敞开，可以作为邻里守护相望、闲聊的空间

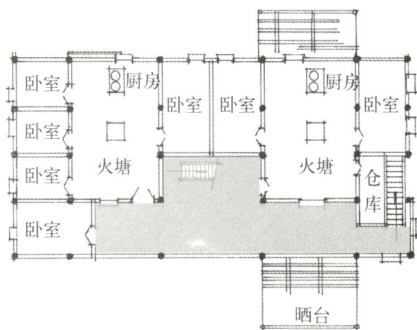

c. 融水卜令杨宅
廊道空间可以放大，可以缩小，大则为厅，小则为过道

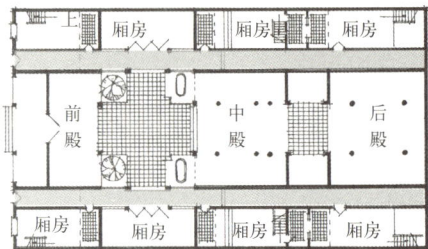

d. 横县城厢秦宅
廊道不仅充当走道的作用，且起到连接单体建筑、建立合院建筑空间秩序的作用

图 3-38　民居廊道类型图示

方式，它们多与门厅结合或出挑，为室外到室内的转换提供了很好的过渡。合院建筑内，一进与二进之间有天井相隔，天井之间用厅堂、廊道相连。因此，从院落到屋里，廊道为人们从室外活动到室内活动的转移提供了一个过渡和缓冲的空间。

（5）架：架空层、过街楼、吊脚楼

"架"是利用结构柱或者自然元素界定领域和空间的手法。如图 5-39 所示，壮族吊脚楼的底层架空层非常实用，它巧妙利用地形架空以用于饲养家禽，满足农务生产的需要。这种方法推广到人口稍密集的村寨中，便形成了灵巧的过街楼。过街楼通常被架在村寨通道的上方，楼上，它是住宅的局部延续，在楼下则形成供人通行的通道。在一个狭小的巷道里，行人不经意会发现头上两间房屋山墙两边被架在空中的廊道联系起来，就像一个"空中之楼"。此外，建筑还能驾御山水之间，而同时山水不被建筑完全遮蔽。如侗族风雨桥就可以认为是"架"的一种形式，只不过被架在了水面而不是山地之上。

（6）挑：出檐、挑台、挑柜

出挑是我国岭南民居常用的建筑造型方法

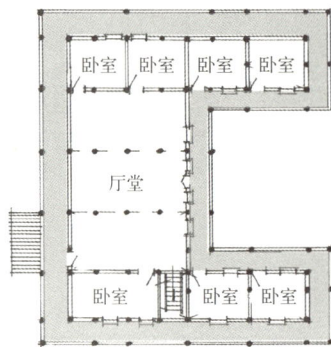

（图 3-40）。建筑通过层层出挑提高空间的利用率，而且常常在进退凹凸、平座出檐、屋顶形式、廊房门墙等方面追求变化，创造出富于表现力的形体。一般来说，出挑的方式大概有：披檐出挑、出挑卧台、层层出挑、卧台四种方式。不仅如此，为扩大房屋空间，避免风雨对山墙的冲刷，便于采光通风，工匠们在山墙处通过枋木的出挑，增设山墙的小屋檐，形成披檐。披檐的运用不仅增加了房屋的面积，还增强了房屋的造型变化和美观效果。

二、民居的空间构成方法

（1）联：空间的联系

民居空间的联系包括建筑坐落方位、地形标高以及室内外空间的相互位置与关系。如图 3-41 所示，在建筑上它包括廊道与室内外空间、漏窗与室内外视线、楼梯与空间高度，以及建筑整体与自然环境的联系等等。同时，在合院建筑中常采用"借景"的手法，借庭院以及周边环境的景，其实质就是把内部空间与外部空间联系起来。"借景"多为"远看"，引入自然景物则为"近观"，

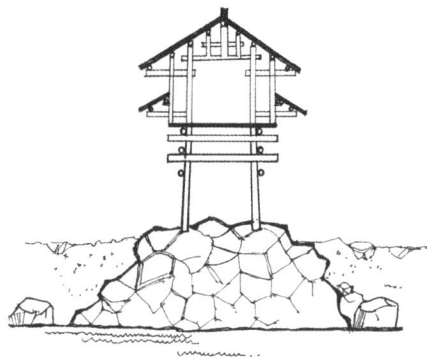

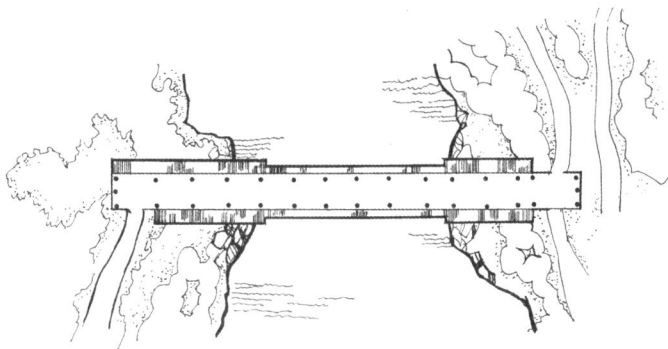

a. 侗族风雨桥
风雨桥是纵向延伸的廊道空间，不仅方便行人穿越河道，且桥上重叠的屋檐也能为路人遮阳避雨

b. 过街桥
过街桥架在街道上方，也是交通走道中的一个间歇空间，供路人稍作停留

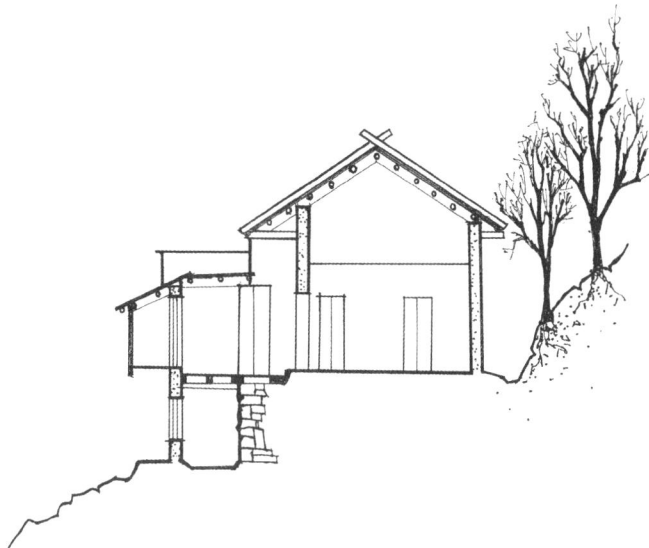

c. 干栏民居底层架空
干栏民居底层架空饲养家禽、堆放杂物，同时也是建筑适应地形的必然结果

图 3-39　民居架空类型图示

a. 融水杨宅（苗）
披檐出挑：苗族民居屋顶山坪面一般歇山做法。且歇山顶横腰加建一
披檐，披檐上也可晾晒谷物和衣服

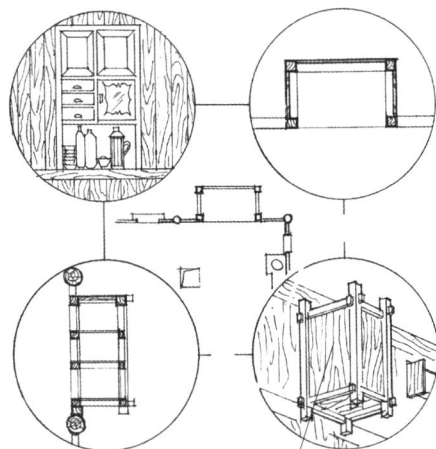

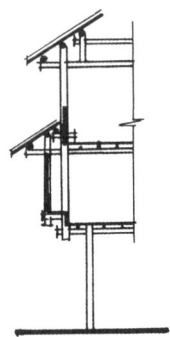

b. 龙胜平等乡蒙宅（壮）
出挑卧台：大多数干栏民居建筑通过大屋顶、挑廊形成半遮蔽的
室外空间，有利于通风透气。图中民居在挑廊上安装栏板，有些
栏板上还特意凿一圆形孔洞供犬伸头瞭望。

c. 龙胜平安寨（壮）
层层出挑：干栏建筑外沿常层层出挑，下小而上大，占天不占地。由
于占地面积不大，建筑层层出挑，檐口抛得很远，有利于保护墙脚

d. 三江侗族民居
侗族吊柜：民居山墙上出挑形成一个凸起的立柜，可以利用空中挑柜
的内空间

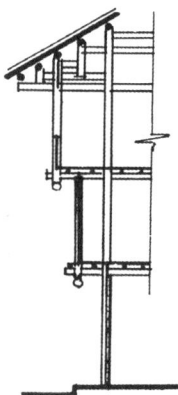

意在"一卷代山，一勺代水"，以小见大，寓无
限意境于有限的景物之中。

（2）隔：空间的分隔

广西传统民居空间的分隔非常灵活，不仅使
用"硬"方法（即实墙分隔），还利用"软"方
法（即家具、隔断、柱廊等）。汉族传统民居空

图 3-40　民居出挑四种类型示例

间分隔常常"隔而不断"，多利用虚拟隔断如屏风、博古架、帷幕来灵活组合、分隔空间，取得似分非分、似断非断、隔而不断的效果。这些空间分隔手段常具有很强的装饰性，为外国室内环境所少有。如图 3-42 是合院民居中利用天井进行空间分隔的例子。

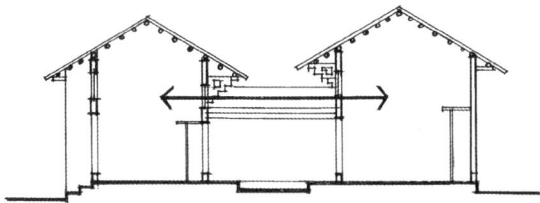

图 3-41　联·建筑单体在空间上的联系

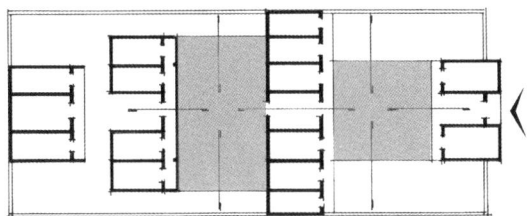

图 3-42　隔·利用天井进行空间分隔

（3）伏：空间的围合与潜伏

中国传统民居建筑与西方不同，它最引人注目的并不是建筑的体量，而是隐藏在建筑体量之中的空间组合关系。如同行文一样，通过转、承、起、合一个循序渐进的过程，形成一个以外部围合，内部开放为主的空间秩序。贺州市莲塘镇客家围屋，从正门进入，经四道大门，层层推进才到正堂，以下堂为中心分里外对称四层，有大小天井，四通八达，整座建筑平面呈方形，有高墙与外界相隔，屋宇、厅、堂、房、井布局错落有致，形成富有节奏的整体空间。桂平金田的三界庙也也是富有起伏节奏，同时内外开合有序（图 3-43）。

（4）透：空间相互渗透

所谓透，不仅指建筑从整体上通风透气，而且建筑的各个部分之间的空间相互渗透（图 3-44）。干栏建筑注重从整体环境设计来达到降温效应。在夏长冬短的气候条件下，通透的山地建筑既有利于建筑材料的防潮防虫，延长建筑寿命，也使得居住活动更加舒适凉快。为使空气流

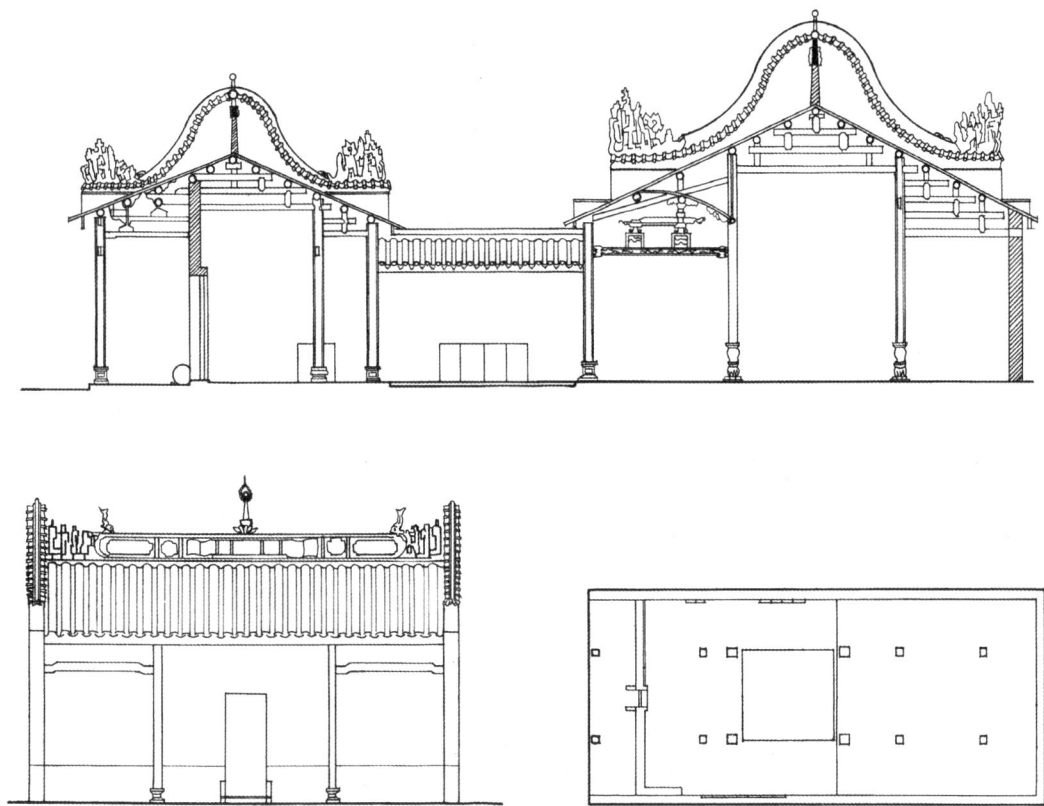

图 3-43　伏·桂平金田三界庙

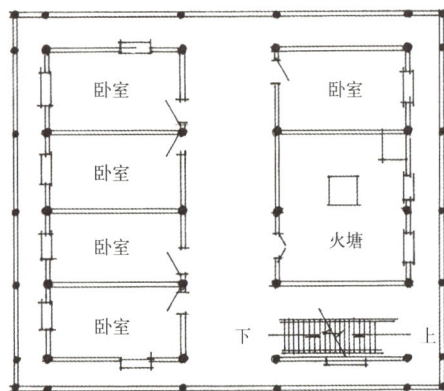

a. 三江高寨吴宅二层平面
干栏居室里居住功能空间、辅助功能空间相互渗透

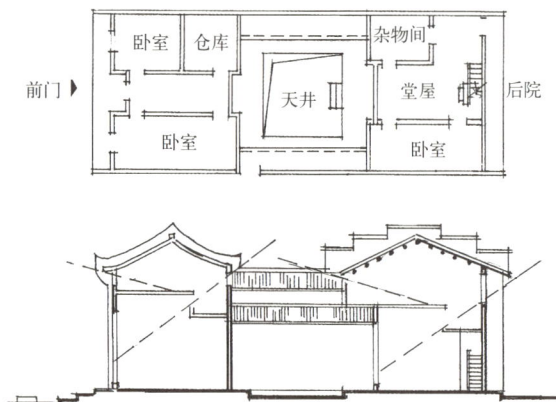

b. 富阳古城民居
汉族民居空间相互渗透，有利于透光与通风

图 3-44　透·功能空间相互渗透

图 3-45　三江侗族民居建筑群

通，采用前低后高、底层架空、巷里对直的手法来兜风入室。在汉族合院建筑中，对外封闭，对内则开敞。而这种"开敞"的空间感需要借用通透的物理隔断来延伸视野，使人觉得空间是连贯的，而建筑是延续不断的整体。

（5）融：工于营造

在农耕社会里，人们崇尚自然、朴实及与自然和谐。传统民居不是向自然宣战，处处与自然相抗争，企图征服之；而是顺应自然，融于自然。"虽为人作，宛自天开"，在这种思想指导下的传统民居，因地制宜，利用当地有利自然条件，用最经济、最天然手段达到抵御各种不利因素并获得舒适居住空间的目的。例如传统民居中利用空地晾晒谷物，运用挑檐遮荫避雨，通过底层架空层饲养家禽，这些都是利用地形，与环境和谐的例子。传统民居中有楼、台、亭、阁、廊、榭等多种建筑形式，它们或处山顶，或位于水边，其目的就是与自然环境融合在一起，既能得自然环境之利，又能成为整个环境的一部分（图3-45）。

（6）合：虚实结合

中国人对自然的理解源自阴阳学说，体现在房屋营造中则可用"虚实相生"来概括。其中包括建筑立面、平面、空间的虚实对比，相应相生，目的是为了营造和谐的气氛，从而引申出含蓄的哲学意味。民居建筑体块的节奏、立面变化的强弱对比都潜伏着乐感，既有平缓的优美韵律，又有高潮的跌落起伏。"合"的思想不仅表现在民居单体各建筑语素的有机结合，还在于单体建筑的群体组合，及其组合形成的空间序列。合院建筑正是秉承了这一思想，利用房屋的层层围合形成的院落空间来体现群体建筑的力量。建筑是实，而空间是虚；建筑实体是有限的，而它蕴涵的意境是无限的，这就是中国房屋营造的终极目的。

第四节　民居的建筑风格

一、建筑风格

不同的建筑风格给人以不同美的感受，广西

民居建筑形态主要有三类：第一类是传统的岭南风格的建筑，以本土原生的"干栏"穿斗木构架建筑为主，同时受到汉族合院建筑的影响；第二类是形制完善、中轴对称的中原建筑风格，它源自中原地区，以汉族建筑为典型代表，随着汉族南迁而不断与广西本地建筑融合形成的建筑类型；第三类是综合岭南地区气候形成的南洋建筑风格，它从建筑形制、装饰上均受到东南亚国家和欧洲国家建筑风格的影响。

（1）岭南风格

岭南建筑起步于秦汉，形成于唐宋，成熟于明清，其风格受地形和气候条件的影响较大。广西山地多，湿热多雨，各少数民族一般选择在地势较高、依山傍水的台地建房，建筑随着地势高低错落。干栏建筑为岭南建筑的原生形式，讲究通透并顺应地形，并且式样随区域而异，具有突出的地域特征。明清以后，壮族地区的许多大户人家普遍采用砖木结构的建筑形式，与中原汉族的民居已无多大差别。如图3-46所示，在广西岭南风格建筑的主要特点有：

①以干栏建筑为代表，其特点不仅反映在民居上，同时也应用在一批建筑水平高超的公共建筑当中，如寺庙、鼓楼、风雨桥、戏台、衙门、佛塔等。

②以穿斗式或穿斗抬梁式混合结构为主的木构架，多采用歇山顶、硬山顶。屋顶在山墙的木檩穿斗构架常开敞外露，便于通风。

③在建筑装饰上注重屋脊、梁架、隔扇等的修饰，大量采用雕刻精美的木雕、石雕、砖雕、灰塑、琉璃等来表现民风民俗。多就地取材，色调接近自然。

④建筑依不同地形而建，形式多种多样，善于用通风开敞的廊道来连接主要建筑，具有外部围合封闭而内部通透散热的特征，设计时注意防洪、防潮、防火、防盗等。

（2）中原风格

以中原建筑为代表的传统民居建筑，起源于华北、华中平原地区。中原建筑集中体现汉民族

a.壮族的"干栏"房屋支架全部用木材穿斗相接，根根相扣，结构严谨

b.大部分的干栏都沿着山坡而筑，高高地建在石头垒起的石墩上，一条小路而上通向家门。一至二层使用固定式的爬梯，二至三层使用活动梯子

c.房子的底层架空，一为适应山地地形，二为防潮、防蛙，三可用于饲养家禽和储藏劳动工具和牲畜过冬的草料

d.南方多雨，雨季时雨水从瓦槽流下，水溅得高，要竖高石墩才能防止雨水溅到木柱子上，以延长房子的寿命

e.每间房子之间都要隔开2m左右的距离。一条小巷从中而过，方便左邻右舍行走，一旦发生火灾等事故时，又可作为防火通道方便居民及时扑灭大火

图 3-46   岭南建筑的特点

的儒教文化以及封建宗法制度精华，并产生出一系列诸如宫殿、寺庙、陵墓、园林、衙署、楼阁、民居等种类繁多的建筑类型。中原建筑不仅分布广泛，而且由于其形式多变、形制成熟、结构稳定，对华东、华南地区的建筑发展产生了深远的影响。广西少数民族干栏建筑体现的是与大自然的和谐共生，而中原建筑则追求现世的意识形态和宗法伦理秩序。中原风格建筑传入广西后呈现出许多新的特点：

①以砖木结构为主，为了适应南方炎热潮湿的气候，院落形式从四合院逐渐演变成三合院。

②院落多以南北纵轴对称布置，平面形式工整，并且按照规模的大小，从简单的一进院、二进院逐步发展成三进院、四进院。如图3-47、图3-48所示，南宁市黄家大院空间布局规整且

层层推进，是传统儒教社会和等级森严的封建礼法在建筑空间上的体现。

③中原建筑经过长期的经验积累，不论在形式上，还是在结构、材料、施工工艺上，都有一套成熟的建筑技法，讲究飞檐重阁和榫卯结构。

④为了适应南方气候和当地的建房习俗，虽然在装饰、结构、平面布局上仍然沿用中原建筑的基本形制，但更加注重建筑的通风透气，在空间布局上也较为开放。

⑤巧妙运用各种造园手法，在庭院中一般都配置有花草树木、荷花缸、金鱼池和盆景等。

南宁市黄家大院建筑群具有典型中原建筑的特点。它始建于1671年，濒临邕江，是南宁市现今仅存的、保存完整的汉族合院民居群体。整体布局规整，朝向以南北向为主，屋脊高低错落。

图3-47 南宁市黄家大院全景图

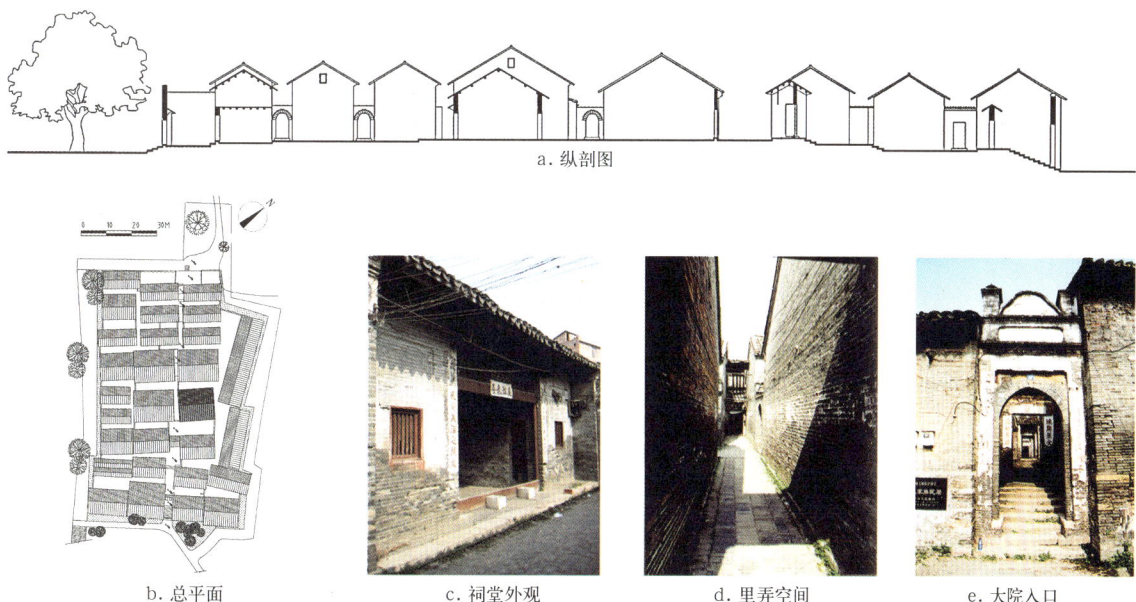

a. 纵剖图

b. 总平面

c. 祠堂外观

d. 里弄空间

e. 大院入口

图3-48 具有中原建筑特点的黄家大院

它占地约 2 万 m²，属历史文物，由于它在南宁城市建筑史上的珍贵性，广西建筑综合设计研究院组织对它进行实测。从入口大门拾级而上，山墙间以门牌连接，里弄空间丰富，通过一进一进门牌进入院落内。祠堂位于合院的中心位置，是统领整个大院的精神中心。建筑整体装饰朴素，细部尚存。村后两颗叶榕高大茂盛，是居民休闲聚会的场所。

（3）南洋风格

南洋建筑风格是 19 世纪末、20 世纪初欧式殖民地风格建筑与岭南骑楼建筑的融合，它是欧亚混杂的"南洋"文化的重要表现。它主要具有以下几个特点：

①由于桂东南地区气候炎热，许多南洋建筑都带有宽大的前廊和回廊，可以遮阳避雨。

②建筑装饰，如雕花、拱形圆门、墙面浮雕等等，展现出独具特色的亚热带风情，色调柔和明丽，缓和了一般立面的单调与生硬，使建筑显得活泼热情。

③既吸收了部分南洋建筑的结构形式与布局方法，又按照当地的建筑风格对建筑进行大胆改良。

④以"骑楼"建筑为代表，在檐部处理、女儿墙、窗饰、阳台、柱式、色调等方面都具有统一的南洋风格，常形成贯通一条商业街的效果（图

3-49、图 3-50）。在每座骑楼建筑的楼顶，都可以看到山花和女儿墙。建筑墙面的浮雕图案、窗洞形式、线角、阳台铸铁栏杆等，融合了西方的"巴洛克"或"洛可可"建筑装饰风格。建筑细部的檐口下、磴洞、窗眉和窗台下，以及门套、山花等部位，也都巧妙地装饰着具有中国古典卷草图案的花饰。

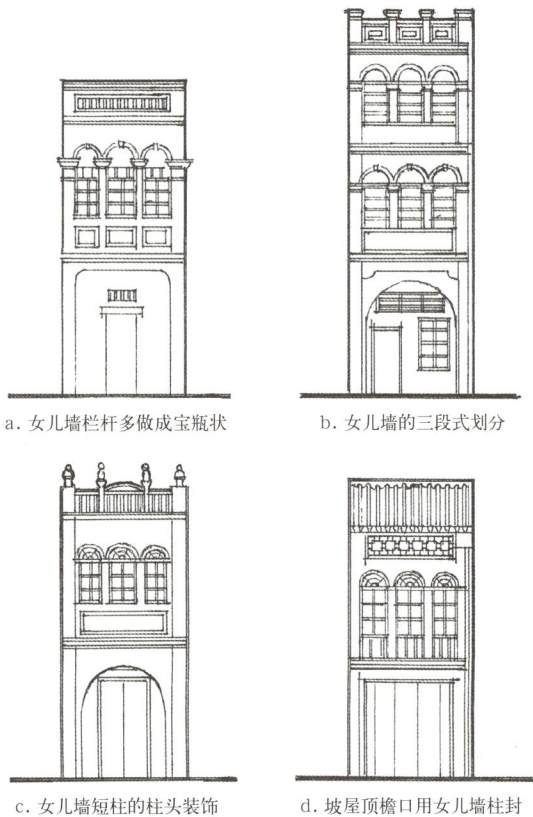

a. 女儿墙栏杆多做成宝瓶状　　　b. 女儿墙的三段式划分

c. 女儿墙短柱的柱头装饰　　　d. 坡屋顶檐口用女儿墙柱封

图 3-50　女儿墙的处理方式

图 3-49　窗的线脚装饰

骑楼建筑创造了良好的步行购物环境，促进了城市商业的发展，反过来，城市商业的繁荣又促使骑楼商业街进一步发展。骑楼往往是岭南地区商业街的一大特色。蕴涵"南洋风"的骑楼民居，反映了殖民地时期的城市建设历史，成为城市中富有个性的景观资料和人文历史。

二、细部特征

（1）屋顶轮廓线

林林总总的屋顶形式赋予建筑多姿多彩的外观和立面，同时它也成为广西传统民居建筑中最突出的形象，是地方性和民族特性的标志（图3-51a）。沿山而筑的壮、侗、瑶族民居，集中展现了群体建筑的体量和优美的轮廓线。一间间的民居隐藏在山林之间，只露出上半截墙身和屋顶，建筑沿山势升起，而墙身和屋顶不断重复，形成重复的韵律感；与此同时，一间间大屋顶檐口起翘一个接着一个，从山顶向下俯视，似乎给群体建筑描上连续的轮廓线，与广阔的天空融合一起形成优美的天际线，给人以宏伟的群体观感。

广西民居的屋顶类型以硬山、歇山为主，形式各异，丰富多彩。不同的屋顶造型常常反映建筑不同的自然和人文背景，南方建筑通常要求通

灵山县大芦村民居	兴业县庞村民居	三江高定寨侗族民居	那坡县屯力吞民族壮族民居	a.屋顶
南宁市杨美古镇民居	兴业县庞村民居	灵山县苏村民居	贺州市龙井村民居	b.檐部
贺州市龙井村民居	隆林德额乡张家寨苗居	贺州黎家大院	龙胜大寨瑶族民居	c.墙体
钟山县玉波村民居	灵山县苏村民居	南宁市杨美古镇民居	西林县定安镇县衙	d.山墙
灵山县苏村民居	灵山县苏村民居	贺州市莲塘乡客家围屋	昭平县黄姚古镇民居	e.建筑绿化

图 3-51 建筑细部（一）

风透气，屋顶普遍比北方薄。一般来说，屋顶在单座建筑中占的比例很大，可达到立面高度的一半左右（图3-52）。建筑的等级、个性和风格，很大程度上就通过屋顶的体量、形式、色彩、装饰、质地上体现出来。传统木结构的梁架组合形式，可以很自然地使坡顶形成斜线、曲线，而正脊和檐端也可以是曲线，在屋檐转折的角上，还可以做出翘起的飞檐。例如屋脊可以增加华丽的吻兽和雕饰，屋瓦可以用灰色陶土瓦、彩色琉璃瓦以至镏金铜瓦；线条可以有陡有缓，出檐可以有短有长，更可以做出二层檐、三层檐；也可以运用穿插、勾连和披搭方式组合出许多种式样，还可以增加天窗、封火山墙，上下、左右、前后形式也可以不同。

图3-52 龙胜偏厦屋顶的两种形式

（2）墙体

墙体材料确定了民居建筑总体的质感和色调。一般来说，广西民居建筑是土木混合结构和砖木混合结构并存，而砖木结构以汉族民居居多，大量分布于广西东南部地势较平的丘陵地区。汉族民居使用大面积的清水砖墙，除了安全防卫的实质功能外，还使宅内自成一个与外界隔绝的空间，形成一种外实内虚的神韵。从建筑整体看，勒脚、墙身、屋檐有明显水平划分，使房屋显得舒展流畅。建筑山墙上多砌有防火砖墙，是房屋外部形象重要装饰点之一（图3-51d）。昭平县黄姚古镇80%以上属明清年代的建筑。房屋一律青砖包墙到顶，房宇高大宽敞，山墙造型多样，木石雕刻更是精致巧妙，建筑工艺堪称瑰宝。其中，郭家大院里的清水砖墙建筑显得尤为精致：墙体的青砖经人工磨制，显得光滑规整。还有不少民居建筑在墙体上使用透空的效果，称为漏明墙。漏明墙运用在建筑外墙或合院内部形成空透效果，既可减轻自重，也能突破大面积墙面的单调感觉，还起到通风采光的作用。

在一些偏远的少数民族聚居山区，其民居建筑大多采用当地原生的生土、木板、石头、竹子等，墙体材料以自然的原材料和色调为主，色调接近自然，使得民居更为亲切近人（图3-51c）。民居建筑的墙体大约有如下几种：砖墙体、木板墙体、竹编墙体、石墙体、泥墙体、编条夹泥筋墙；一般在表面做装饰的不多，通常暴露墙的原材料，材料之间有砖缝，木板纹，石头缝、竹编缝。两堂式以上的民居有青砖墙和生土墙两种，其中青砖墙较少，大多是局部的，如山墙或裙肩以下以及门窗等部位用砖，其余为生土粉墙。有的山墙底部用石头，中部用木板，上部用竹子；或者底部用石头，中部用泥土，上部用竹子、秸秆、茅草之类，既经济实惠，又美观大方。

（3）门、窗装饰

干栏建筑的装饰是民居建筑艺术的重要组成部分，它同时也是增强主体建筑的形式美和意境美的重要手段。在广西民居建筑中，门、窗总是人们费心装饰的部分，并且追求简洁雅致之美。从地域的分布来看，桂林地区灵田迪塘一带的传统民居门窗，木雕纹饰简练清晰；阳朔旧县村一带的传统民居门窗花纹虽不复杂，但雕刻精巧。木雕门窗、挂落神龛的精致之美，浮塑灰批的灵动之美，体现了少数民族工匠的精湛技艺，给予现代人美的熏陶和享受。

如图3-53a所示，民居的门装饰略为复杂，它包括门扇、门槛石，以及在门上方放置雕刻的门匾。门窗扇的雕刻通常被施予彩绘，门槛石的两侧面一般均施予雕刻，通常为动植物花纹。形式简单的便在门额上做点方框或小装饰，复杂的

则做仿木构牌楼式样，如宗祠大门或独立大院，往往作四柱五楼，仿木构件更加精工，并有抱鼓石。在三江侗族地区，有些民居里时常看到用简单的圆形的门簪作装饰，门簪上有乾坤卦符的雕刻图案。此外，除了用木作门框外，也有用石作门框的，整个石门框被施予雕刻，上刻有排沟、框纹、对联。一般从大门装饰的精良奢华程度上，便能看出民居主人的权势或富有。

如图3-53b所示，传统民居中以"漏"为门窗构造的主题，通透灵巧以利于视线穿越、建筑通风和室内外空间的联系。雕刻精美的隔扇窗门，把室外景色分割成许多美丽的画面，同时又把室

图3-53 建筑细部（二）

图 3-54　兴安县灵
渠木雕图案

外景色引入室内，变成剪纸一样的黑白效果。除此以外，漏窗、门扇也可以引申运用作为各式各样的分隔空间的隔断。大多数民居内部的门窗、隔板等木构件，有的装以木格或花格窗门，有的用木条于外壁镶几何图案，其上的各种动植物均是精雕细琢，美轮美奂。窗扇是重点装饰对象，上面通常用木雕刻成各式各样的花纹，有横竖棂子、回字纹、万字纹、寿字雕花、福字雕花和动物花纹。除木质花窗外，漏花窗也有陶瓷雕花、石雕花、砖雕花的，它们的雕花图案也大多是动植物花纹。在木雕技艺发达地区，有些民居门隔扇心全为透雕的木刻制品，如图 3-54 所示花鸟树石跃于门上，完全成为一组画屏。

（4）结构细部

传统民居建筑细部构件造型构图轻盈活泼，尺度比例亲切宜人；建筑装饰简洁朴实，材质色

图 3-55　兴安县灵渠石鼓

调天然本色，充分反映出广西的地域性和少数民族特色。总的来说，都在建筑结构的木构架上做文章，而且极尽修饰的本领。无论木刻、石雕均描金绘彩，挂匾悬对，具有民族传统文化的丰富内涵。

建筑构件的范围较广，包括立柱、大梁、挑手、脊顶、斜撑、格扇门窗和窗栏板、柱础、栏杆、墙饰等，而构件中细部又包括窗棂、檐角、门枕石、井壁、门楣、柱础（图 3-55、图 3-56a）等，它们集中体现了工匠精湛的技艺和简朴大方的建筑风格。传统民居建筑以木结构为主，是一个内外统一的有机体。穿斗木构架的承重方式使得实墙体从整体结构中解放出来，使得建筑内部空间的分隔、门窗开启更为自由（图 3-56b）。采取这种结构形式不仅可以组成一间、三间、五间乃至若

干间的房屋，还可以造出三角、正方、八角、圆形及其他特殊平面的建筑造型。

穿斗木构架除了承担房屋的墙体、楼板、屋顶的重量，其细部构件如梁、柱、穿枋、斗枋在也常常成为建筑装饰的载体，具有丰富的艺术价值。有些大户人家、宗祠、寺庙的室内，直接在梁上施彩绘、彩画或者雕刻，在三架梁和五架梁以下部分增设镂空的木雕，正所谓雕梁画栋。支撑梁架在端头承檩的部分更是彩画和雕刻的重点对象，有的把梁架中上下两根梁雕刻成一个整体来承檩，或者把梁架上的瓜柱底端雕刻成莲头形状，使瓜柱更富有装饰性。卷棚下承檩的弯曲的梁架也是整块木雕刻出来的，既富有装饰性又是一个应力传力构件。

除了梁和柱的装饰外，插拱、挑手、斗拱也

是梁架中极富装饰性的构件，它们的端部常被雕刻成动、植物的花纹样。如图3-56c所示，干栏式建筑房屋四周的檐柱到楼层处均伸出"挑手"，有单挑、双挑、三挑；栏杆有石栏杆、木栏杆，以木栏杆的造型最为丰富。这些装饰手法蕴涵着雕刻、绘画、楹联、匾额等为一体的综合艺术，而这种艺术又与古代的风雅如历史、诗歌、文学等诸方面有着历史渊源，使房屋的总体风格达到了完美的和谐。

不仅如此，少数民族民居的一砖一瓦、一梁一柱、一窗一棂，都富有浓郁的生活气息。大多数的彩绘、木雕、石刻都与民间传统故事、风俗习惯相关联，如龙凤戏珠、麒麟游宫、五谷丰登、八仙过海，而精美的雕、镂、镌、刻无处不在，传承了历史文化上著名的诗、词、曲、艺。民族村落里一些原始的生殖崇拜信仰及其物化形式，至今仍然可以找到明显的痕迹。例如，以鱼作为女性生殖器的象征并实行生殖崇拜，并运用各种手段给予写实式的再现或者抽象化的表现。在昭平县黄姚古镇的汉族民居群中，建筑山墙上的"悬鱼"就是以鱼作为象征物实行生殖崇拜留存于建筑上的一种抽象化表达。墙面上垂有连体鱼形象更丰富了山墙的立面构图，使建筑显得生动活泼。

a. 柱础	灵山大卢村 / 西林县那劳寨宫保府	西林县那劳寨宫保府	兴业县庞村民居	钟山县粤东会馆
b. 木构架	三江高定寨独柱鼓楼 / 钟山县粤东会馆	三江岜团寨风雨桥 / 桂林龙胜红军桥杠杆结构	龙胜平安寨 / 南宁市杨美古镇梁架瓜柱	三江高定寨穿斗结构
c. 其他建筑细部	全州县白石村抱鼓石	灵山县大卢村民居门槛石	富川秀水村民居拴马石	昭平县黄姚古镇

图3-56 建筑细部（三）

三、群体组合

（1）民居的韵律与气势

传统民居建筑不像西方建筑那样以突出建筑单体、强调体量的强烈对比为主要造型方法；相反，它特别重视建筑的群体组合以及建筑与周围环境的协调。正如王其均教授指出，"中国传统民间住宅中潜伏着气韵。中国建筑与希腊建筑不同，西方建筑是有机的团体，而中国建筑则注重疏通，讲究神韵，看上去是无数流动的线条，从线条上体现气韵的丰富变化和内涵。"[12]

广西传统民居重视建筑的群体组合以及建筑与周围环境的协调关系。群体组合有两种构图方法，一种是中轴对称的严谨构图方式，另一种为自由组合的构图方式，它们都十分重视对中和、平易、含蓄而深沉的空间意境的追求。汉族民居的群体组合空间次序明晰，主次分明。从最简单的一明两暗三间过，发展到两堂两横、三堂两横甚至九进十八厅，但无论房屋发展到多大规模，它始终以正厅为中轴，以祖堂为核心，呈现出向前逐步延伸或向左右对称发展的特点，有空间层次感，在使用上也十分贴近和符合当地居民的生活习惯。

如图 3-57 所示，传统民居造型的节奏和韵律感是通过建筑物进行群体组合而实现的。以壮寨为例，它多建于山脚缓坡，少量建于山腰或山顶，习惯以一个姓氏或两三个姓氏的家庭相聚为寨，干栏群落的平面布局则按家族、宗族相对聚居的需要而安排的，其布局通常有串联式、并联式、平行式、辐射式等。"串联式"一般是从山麓到山腰上下依次排列若干个干栏，前后用带顶棚的飞桥连接，这往往是一家几兄弟分别居住的。"并联式"为两排干栏，中留通道，两端有围墙及院门，形成相对封闭的长方形院落，这显然是氏族社会长屋的遗风。"辐射式"多见于较宽阔的山麓，干栏自下而上排成几行，自上向下展开辐射，中留通道，有的通道为石级。"辐射式"常与"串联式"相结合。在斜度较大的山麓，常常将屋基垒成梯田式，每一级横向排列若干干栏，

平行伸展，有时上行屋基与下行屋顶平齐，饶有趣味。

（2）空间意境

"意境是艺术作品透过外在形式而显露出来的灵魂。苏轼在《超然台记》中说：'凡物皆有可观，苟有可观，皆有可乐，非必怪奇伟丽者也'。高深的艺术境界并不一定需要奇伟丽的外在形式，意境不仅是理想和感情同客观的景色事物相统一而产生的境界，而且也是言外意，旋外音，境外味。"民居的空间意境表达的是一种空间的品质、一种含义、一种精神，而这种空间意境和所包含的理念又赋予它所属的整个地域以深沉的文化底蕴。传统民居不仅仅停留在满足人们一般生理机能的需要，同时也能够适应人们多样化的行为和心理要求；它注重空间环境的创造和意境的营造，使得建筑与环境、形式与功能、空间和意境尽可能完美地融合在一起。

首先，传统民居的空间是含蓄、内敛的，小到细微的建筑细部，大至建筑群体的空间格局都有具体的表现。例如民居建筑中利用漏窗、门洞、格栅、建筑小品、花木等进行空间的组合划分，创造出通透疏朗、隐隐约约、含蓄的空间意境。这些建筑细部使建筑超越表象，与乡、土、水、人建立起了文化层面上的契合，给予人们无限的思索。从大处来看，合院建筑以"院"为基本单位，若干"院"相互组合、联系；建筑空间又以围合为主，由于院落层层推进，如若独处一隅根本不知道整个院落的规模，只有游览过全部后方可体会其空间安排的巧妙及其深含的意味。

其次，民居刻画空间善于以小见大，运用象征的手法，构成有教化性质的空间意境，传递民族的思想观念与价值取向。村落中建筑空间动静结合，收放对比，从而达到建筑空间情趣深邃、变化有致的效果。这种由物质空间映射的文化效应，是民居建筑最大的特色。此外，建筑不仅把握总体特色，而且还着意于对一些自然条件的诠释与刻画，例如对月影、花影、树影、云影、灯

图 3-57 金秀县瑶族民居群

图 3-58　昭平县黄姚古镇

影以及风声、雨声、鸟声、乐声及禽声等意境的生动刻画（图 3-58）。

最后，民居的空间意境体现了建筑与环境的和谐共生，充满了人文精神，体现了天人合一的哲学理念。与柯布西耶的现代建筑理论相反，中国传统民居不仅仅是人居住的机器，它崇尚自然，同时也十分科学。杜甫诗中"卷帘唯白水，隐几适青山"则更抒怀了东方智慧中崇天（父）意识与恋土（母）情节。广西大多数少数民族村落依山傍水，利用天然地形地势，形成"山、水、人家"的格局，表现出一种幽远、淡泊的建筑诗的意境。在这种哲学理念指导下的建筑行为，注重物质和

精神的统一，虚实结构的结合，阴阳转换的韵律，以及草木环绕的协调。它使得整个民居建筑群的整体轮廓、屋顶天际线与所在的地形、地貌、山水等自然景象取得和谐统一，体现了少数民族建筑特有的风貌。

第五节　民居建筑的营造技术

在广西众多类型的民居建筑中，最具代表性的民居建筑就是干栏建筑，其次是受汉族影响的硬山搁檩式建筑。这种离地而居的干栏建筑最早从巢居演变而来，是壮族人民为适应炎热多雨的

气候以及在猛兽横行的自然环境中，经过漫长实践活动而形成的一种具有地方民族风格的建筑形式。干栏建筑发展到今天，有一个从简单到复杂、从低级到高级的发展过程，其结构形式也不断地在生活实践中得到改进而逐渐完善，且其营造技术也变得越来越成熟。

一、穿斗构造技术

传统木构架体系主要有抬梁、穿斗、井干等结构方式，广西大多数地区采用穿斗式木构架结构，多为就地取材，施工简便，结构牢固。壮、侗民族的工匠们首先根据房屋的宽度、进深和高度，选择合适的优质杉木为材料，按照房子所需的长度进行加工，凿眼削榫（图3-59）。柱与柱之间以矩形枋木相连接，即分别将枋木从后檐柱通过柱上的卯眼一直穿内柱、中柱直至檐柱，连成整榀构架。通常设两条贯通前后柱的枋木，在阁楼或檐部枋木之上依次分别设置阶梯形的瓜柱（矮柱），瓜柱之间分别用短枋木卯接和相互支撑。每一个瓜柱顶上分别承置一根檩条，出檐处穿枋挑出，从而构成一面完整的山墙，并形成双斜坡式的屋顶。屋顶的重量直接通过椽子、檩子、柱子传至地面。

干栏建筑技术在不同地区的表现形式见表3-1。在广西都安、忻城、东兰等偏僻山区的干栏建筑，下层由石块垒砌或者用土坯砌筑，主要用于放养牲畜；上层用夯土或土坯竹垫或木板围

a. 三江同乐寨，使用多年还未建成的例子

b. 三江文村，先使用一段，空出一间待逐步做完的例子

c. 江巴团寨，二层围合先使用的例子

d. 三江马安寨，刚完成的构架

图3-59　穿斗木构架使用实例

不同地区的干栏建筑技术形式一览表　　表 3-1

地区	桂北地区	桂中地区	桂南地区	桂西地区
技术形式	高脚楼干栏	地居式干栏	硬山搁檩式干栏	勾栏式干栏

建而成，主要供人居住。这种干栏建筑，门前的阶梯主要由石块砌筑而成，面宽比较窄，且比传统的方式要矮，因此称矮脚干栏。干栏构架采用的是"人"字形或者是三角形的做法，有的把"人"字形构架立于柱和童柱之上。这样形成的干栏省木料，稳固性、安全性和防火性都比较好，但空间居室比较窄。高脚干栏也是采用穿斗式的构架技术，除屋顶采用瓦和勒脚采用石料外，其余全部由当地的杉木建成，双坡悬山顶，抗震性能好，能很好地适应坡地地形。为使干栏建筑房屋的空间扩大或免受地形的限制，工匠们巧妙地将上下两条枋木伸出前檐柱外，然后在其末端设置一根底部悬空的吊脚柱，类似汉族建筑的垂柱。吊脚通过普通的几何图形，运用结构力学原理，使得瓜柱相连，枋枕交错，檩椽纵横，吊脚坚固。

勾栏式干栏建筑主要分布在龙胜县金龙一带，它是在传统干栏建筑的基础上，为了增大前檐和檐廊，在前檐下增加一立柱，在柱顶上承托檐檩，使檐口向前伸出。由于受汉文化的影响，干栏建筑在吸收了汉族的土坯、夯土或石块建筑技术之后，逐渐演变为地居式干栏建筑。硬山搁檩式干栏建筑的材料结构都有了变化，但上下两层结构和上人下畜的传统习惯没有变。

二、装饰技术

装饰技术是民居建筑技术的重要组成部分，它充分表现出工匠们的巧思异想以及传统建筑的形式美感，富有浓郁的乡土性和地域性。民居构件上运用彩画、凿刻、雕塑、绘画、叠砌等多种表现手法，构成各式各样的装饰图案，不仅增添建筑的艺术美感，又表达了人们对美好生活的向往。

凿（雕）刻技术是广西民居建筑的常用装饰手法。一般民居用凿（雕）刻进行装饰的部位是檐口、挑手和柱础，这些装饰的造型朴实，刀法简练，且一般不施色彩。相比之下，一些大户人家家宅及大型庙宇、祠堂、衙门、戏台、鼓楼等公共建筑，对建筑细部如檐板、雀替卷棚墙和挑手等则雕梁画栋，描金画彩，极尽奢华。这些装饰手法不仅构图匠心独具、工艺细腻，纹饰更是千姿百态，寓意丰富，具有强烈的装饰效果。雕塑手法还大量运用在修饰建筑外部体形如屋脊上（图 3-60）。一般硬山搁檩式民居屋脊的正脊和垂脊皆为砖砌和灰砂筑成的清水脊，在正脊两端各塑一条鲤鱼，垂脊两端各塑一只凤鸟，正脊和垂脊皆施灰黑和朱红（上黑下红）相间的颜色。

汉族民居往往注重建筑门楼、照壁、门窗的雕刻，特别是木雕、石雕居民门窗，无处不闪现着木匠高超的手艺。门窗棂格图案繁杂，不仅有简单的井字格、柳条格、枕花格、锦纹格，还有许多门窗棂格图案发展为套叠式，即两种图案相叠加，如十字海棠式、八方套六方式、套龟背锦式等。有些门窗的表面上还漆上红色的油漆，显得古朴典雅。在木雕技艺发达地区，有些民居门隔扇心全为透雕的木刻制品，花鸟树石跃于门上，完全成为一组画屏。内檐隔断也是装饰的重点，丰富的内檐隔断创造出似隔非隔、空间穿插的内部空间环境。

此外，彩画也是传统建筑中的一个常见而重要的装饰手法。宫廷建筑常常使用沥粉、贴金、扫青绿等手法，而一般民居、寺院等建筑上装饰的彩画均不能按官式做法的样式，但可以自由选题材绘画，富于地方特色。一般民居大多与白墙、灰瓦和栗色的门窗相搭配，采用蓝、绿、红、粉等素净的色调，模拟自然植物、动物的纹样，如一些带有神话色彩和代表吉祥幸福的白鹤青松、老鹰菊花、孔雀玉兰等图案，或者一些抽象的

图 3-60　阳朔渔村
民居屋脊装饰

"福、禄、寿"等中国书法字样。例如茶山瑶居檐墙上方绘有彩画、画面是梅兰花鸟图或人物山水图（图3-61）。门匾上的题字或颜体或柳体，十分规范。

三、营造技术的互动

任何一个民族的文化都不可避免地要与其他民族文化进行交流，在交流过程中相互学习和吸收，达到相互促进、共同发展的目的。壮族的干栏民居同其他文化现象一样，并不是处于封闭状态的独立发展物，而是在一种与其他民族相互交流影响的开放环境中，既对其他民族的民居建筑产生影响，同时也吸收了其他民族（主要是汉族）建筑中先进、合理的成分而逐步发展形成的。

广西早期干栏建筑的构造特征来源于巢居。由于当时生产工具的简陋和建造技术的落后，壮、侗族祖先们主要是采用藤条绑扎式的构架方法建造房子，在地面上立好柱子，用竹或木搭成一个栈台式的构架，顶上再用茅草等铺盖，做成一个简陋的可以遮风挡雨、免受野兽侵害和地面潮湿的房子。随着时代的发展和人类的进步，到战国及秦汉时期，中原地区铜器和铁器的传入以及在建造活动中的普遍使用，使得广西壮、侗族地区的干栏建筑无论是在建筑结构上还是在技术上，都受到了极大的影响并有了新的发展。首先，金属工具的传入和使用，为壮族干栏建筑的木材砍伐、木构件加工和建筑结构的改进以及建设效率的提高，建筑空间的丰富等创造了前提条件。其次，汉族民居建筑营造中的"榫卯技术"和"穿斗构造"工艺对壮族干栏民居建筑有较大的影响。壮族学习和吸收了汉族先进的榫卯和穿斗技术后，巧妙运用于干栏建筑的营造之中，使得干栏民居的构架更为规整均衡，紧密稳固，空间形式更富有逻辑性和合理性。不仅提高了楼层的高度和梁架的跨度，扩大了居室空间，同时还使门窗、楼梯和栏杆等附属构件的制作日趋规范和多样。因此，榫卯和穿斗技术的采用，是壮族干栏民居建筑在空间形态发展史上的一个重要里程碑，标志着木构建筑技术和木构建筑空间形态逐步走向成熟。

秦朝以后历代中央封建王朝都不断地将大批中原人迁移岭南，与当地居民一道共同开发岭南。凡壮族地区江河流域的平峒地带，几乎都有汉族居住。中原与岭南的自然条件和气候条件存在着明显的差异，其民居空间形态和人们的居住习惯也明显不同。如中原地区地势平旷、气候干燥，冬季寒冷，汉族民居流行构建矮小且封闭性的硬山搁檩地居式住宅；而岭南则山岭绵延，气候炎热多雨，地面潮湿，当地壮族则主要构筑高大宽敞的干栏建筑。汉人在建造搁檩地居式房屋时，吸收了当地干栏建筑中的一些合理因素：如提高房屋高度，扩大居室空间，前后开设便于空气对流的门窗，以及前后檐墙上部留空而不密封；设置挑手支撑檐檩；使屋檐向外延伸，防止雨水对

檐墙的侵蚀，同时形成宽大的檐廊。因此，移居广西的汉族居民所建造的"硬山搁檩地居式"住居，既不同于当地壮族的干栏建筑，也有别于中原传统的汉式建筑，是二者的合理取舍和有机结合，从而具有鲜明的广西地方特点。

广西是多民族居住的地区，除了壮族以外，还有瑶、苗、侗、仫佬、毛南、回、京、彝、水等十二个少数民族。这些移居广西的瑶、苗、水、彝、仫佬等民族，不仅学习和吸收壮族的稻作农业生产技术，其建筑形式亦深受壮族干栏的影响。他们按照壮族干栏的基本形态和结构来建造，或者请壮族工匠帮助建造，如桂北地区龙胜一带的瑶族，直到近代仍经常请当地的壮族工匠帮助建造干栏住居。它们在使用的材料、营造方法、建筑结构以及空间形态等方面，多类似于干栏民居。

a. 阳朔兴坪渔村木雕

b. 兴业庞村灰塑

b. 兴业庞村檐画

d. 灵山苏村石刻

图 3-61　传统民居
建筑装饰技术

同时，由于各民族居住的自然环境、生产方式、生产力发展水平和生活习惯的不尽相同，其干栏的局部构造和建筑工艺亦有自己的特点。正是这些不同的地域特点和历史因素使然，民居建筑逐步呈现出各民族不同的建筑空间形态，形成了各具特色、多姿多彩的广西民居的风格。

四、典型范例

（1）真武阁的建筑技术

真武阁建于明万历元年 1573 年，被誉为"天南杰构"。曾经经历了 400 年间 5 次较大的地震、8 场大风依然能安然无恙。真武阁为 3 层木结构楼阁，该阁通体都是杠杆式木结构，用了几千条铁黎木做构件并与杠杆结构原理串联吻合，彼此连接，合理地建造了通高 13.2m，宽 13.8m，进深 11.2m 的歇山式三重檐阁楼体。

如图 3-62 所示，真武阁为面宽 3 间、进深 1 间的阁楼，但由于它在明间加上 2 根间柱，进深方向加了 3 根间柱，因此从外面看倒像是面宽 5 间，进深 3 间的建筑。其巧妙之处是在楼层角

柱向内 45°方向与明间缝相交处，加了 4 根贯穿第二层、第三层的内金柱。这就是通常在第二层楼内看到的 4 根金色大内柱，它柱脚悬空但却承受着上层楼板、梁架、配柱和屋瓦、脊饰等沉重荷载，是全阁结构中最精巧、最奇特的部分。在原理上，它依靠杠杆作用，像天平一样维持整座建筑的平衡。细加观察可以发现，原来从楼底穿上的 8 根大柱，已被用作中、上两层楼中的檐柱，因此才另添置了这 4 根悬柱。在这 4 根悬柱之间，伸出 3 层枋子，穿过檐柱，再外伸并形成斗栱，承托外面又深又宽又重的瓦檐，如此使得这种悬空柱达到稳如泰山的功效。到了顶楼悬柱头又承托一道大梁，上接二梁，再上又立脊柱、瓜柱，与中层一样，又从柱上伸出 3 层枋子，穿过檐柱形成斗栱，托住千吨重压的阁顶瓦檐，而柱脚竟悬空离地 3cm。这种神乎其神的构造，观者无不齐声叫绝。

关于这个"金柱悬空"，学术上有两种看法：一种认为这是原设计者的大胆尝试，以悬空求平

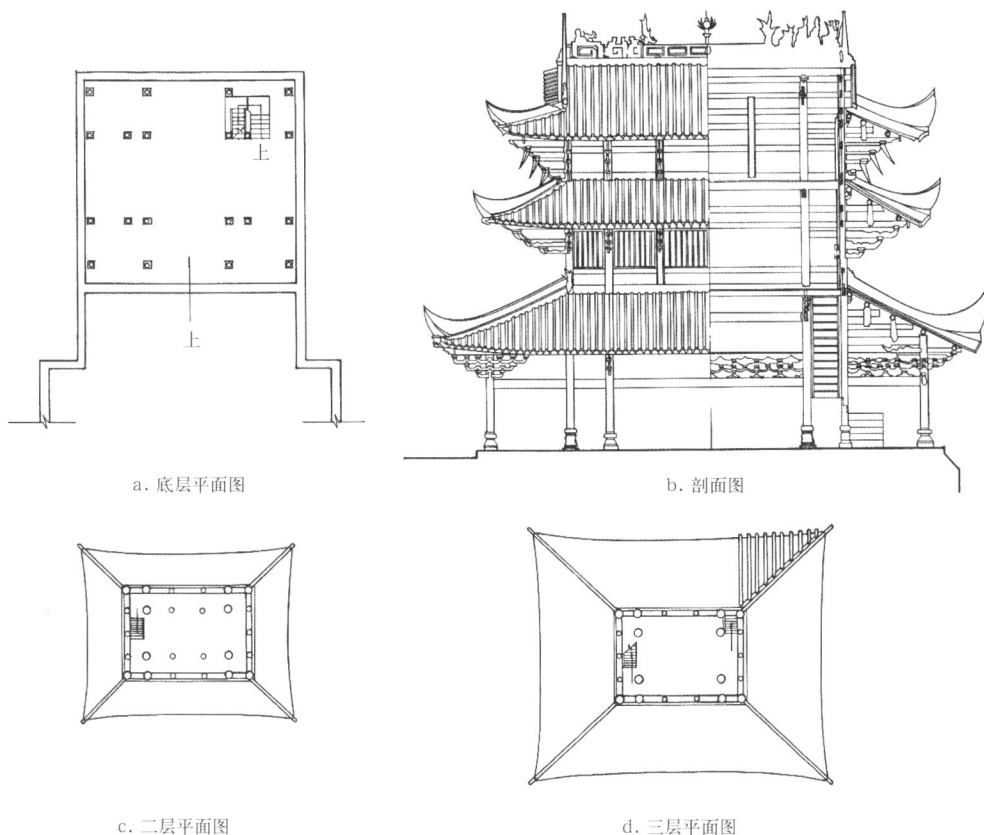

a. 底层平面图

b. 剖面图

c. 二层平面图

d. 三层平面图

图 3-62 真武阁建筑平立剖图示

衡。这是反常规、反传统的做法，它"身负重担，却不脚踏实地"，违反了"墙倒屋不塌"是"顶梁柱"起作用的传统做法。这4根金柱只与其他构件"咬"在一起，相互制约，虽自成系统，但自己却被系统翘着、抬着，不是真正的支柱；另一种则认为这是柱下的大梁弯曲变形，以及周围的檐柱下沉而导致金柱离开地面，悬空仅仅是一种假象而已。以上两种说法经历代建筑结构专家分析，真武阁设计师的建筑构思是出自杠杆原理，所有木结构均为卯榫结合，整体形成超静定结构，不能不说真武阁建筑设计得益于穿斗结构的优点。

（2）三江侗族的建筑技术

侗族的建筑技术很独特，工匠们在设计房子时，并不在图纸上画图，而是把在脑海里设计的图案通过26个特殊的符号和标记的刻度在竹片上记录下来，长短不一的竹片便是他们进行设计的主要工具。每一根竹片，代表一根柱或梁，并用笔沾墨汁在竹片上标明此柱或梁的空间位子，如左、中、右、上、下、在第几层等，有时也注明它与其他梁柱的连接关系。在书写符号的一面标上刻度，表示该柱或梁的直径，而竹片侧面所画的刻度，则为榫眼或榫头的长度尺寸。

侗族工匠们建造一座房子，一座鼓楼或一座风雨桥，都需要很多这样的竹片。工匠们根据建筑物空间位子的不同而将竹片对应分组成捆，他们凭着脑子的构思制作这些竹片，又借助这些竹片的帮助对构思进行修改，调整自己的设计和计算。如果是一座正方形的鼓楼，外围的柱子12根，那么每个方向上的4根柱子的直径与连接它们的横梁的长度之和必须与其他三个方向的相应数据相等，才能围成一个正方形。

在一座房子施工的时候，大工会把一小捆一小捆的竹片交给小工或徒弟，让他们依照所标记的符号和刻度制作梁柱。在进行房子组装的时候，也会把相应的竹片交给小工，按照竹片上所标定的空间位置进行安装。在进行一座房子的总安装的时候，侗族工匠们还需要一根或数根很长的竹

片，其长度与楼层或房子的高度相同或与同一层柱子的高度相同。通过这些长竹片的帮助，侗族工匠们就能把一座房子组装起来，并通过这些竹片来调整房子梁柱的横平竖直以及校对房子各部位的尺寸、位置是否符合设计的要求。侗族的建筑技术就是这样简单而神奇。工匠们通过他们的心灵手巧，建造了侗族地区形式变化多端，结构精美的侗族木楼、鼓楼和风雨桥（图3-63～图3-65）。

注释：

[1]～[11]部分平面图根据《广西民族传统建筑实录》等相关资料整理而成。

[12] 王其钧著，《中国民间住宅建筑》，机械工业出版社，2003年版，p130，p220。

图3-63　柳州三江鼓楼结构

图 3-64　柳州三江
建房结构

图 3-65　三江侗族
民居建筑

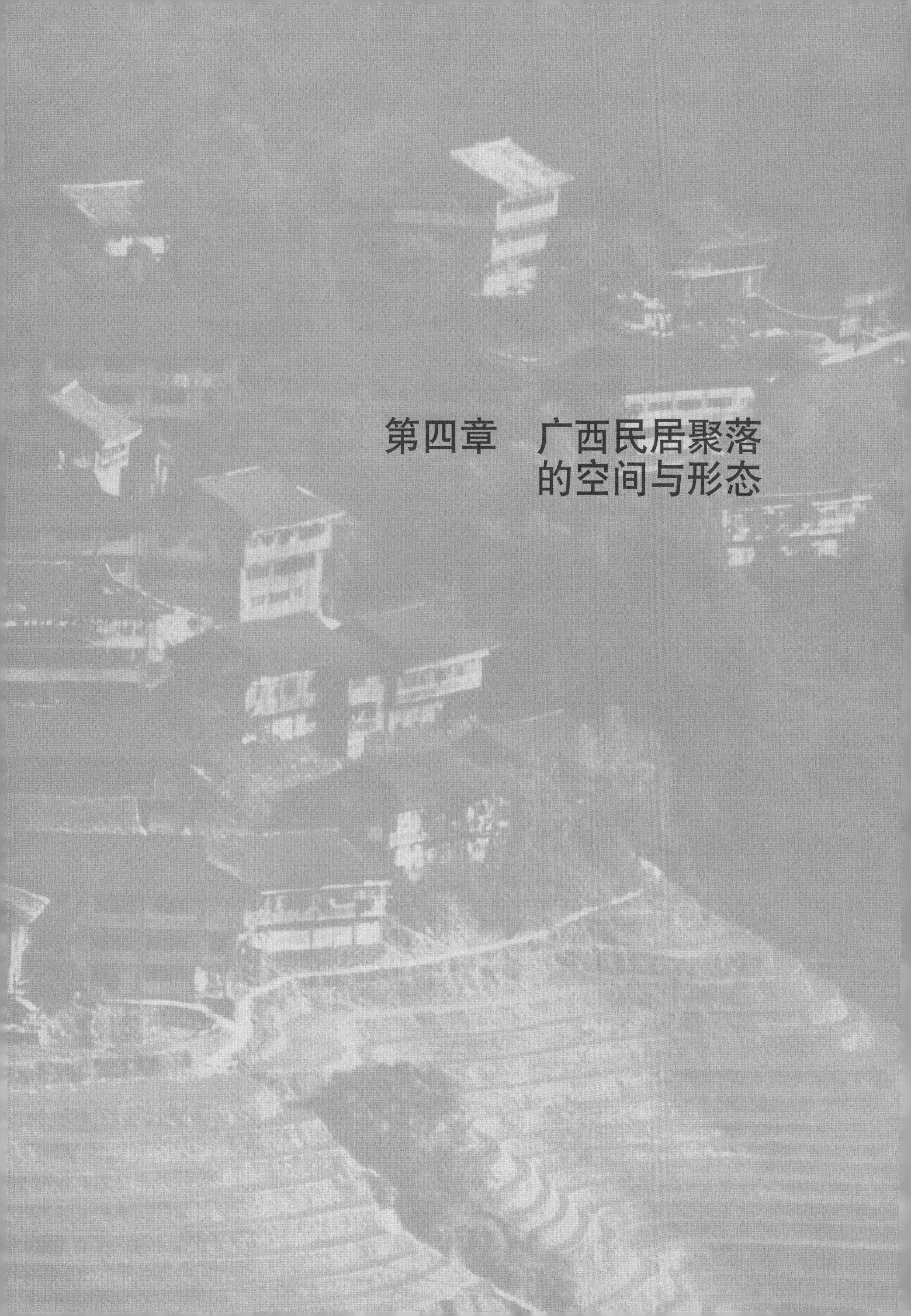

第四章　广西民居聚落的空间与形态

第一节　村寨

村寨是一种综合性的社会实体，是镇或城市形成的最初状态。它是在一定地域内发生的社会活动、社会关系和生活方式的总和。同时它又是一种空间环境系统，包括自然环境、社会组织和人文环境等子系统。

一、村寨选址

传统村寨的形成与发展离不开客观的地理环境，有利的地形、方便的水源、充足的阳光、秀美的环境、便利的交通等等都是村寨选址的基本要素。

广西的地形地貌千姿百态，气候条件和自然环境各不相同，为广西先民自由地选择居住空间创造了有利的条件。此外，不同的民族，或同一民族的不同支系由于所处自然环境、传统的生产方式、生活习惯及心理意识等方面的不同，其村寨选址的具体形式也不尽相同。从而形成广西传统聚落形态各异的布局模式。

（一）广西村寨的地理类型

根据不同的地理特征，我们可以把广西民居分为两大类：高山河谷类和丘陵平地类。

高山河谷类：这类村寨主要分布在广西西北部的龙胜、三江、融水、都安、大化、东兰、天峨、南丹、巴马；东北部的贺县、富川、恭城；西部的西林、田林、隆林、那坡、德保、靖西以及南部的防城、上思、灵山等少数民族分布地区，尤以瑶族最为普遍，素有"南岭无山不有瑶"之说；又以龙胜各族自治县的龙脊壮族十三寨最为典型、最为秀丽壮观。这类村寨的自然环境特点是山势巍峨，群山绵延；沟谷绵长，泉水淙淙；开门见山，平地稀少。

丘陵平地类：分为两种：一种是分布在山脚下的缓坡上，或依着群山，或卧于河谷，村寨的环境特征是依山、傍水、临田。建筑多为南、西南或东南向。这类村寨在广西数量最多、分布最广，其中汉、壮、侗族等地区最常见。另一种是

平地类型的村寨，分布在山岭的小盆地之中，地势比周围的田地略高，临水源，常以远山近水作为相地之基础。这类村寨主要是分布在东南部、中部和南部的汉族或壮族聚落，特点是水源丰富，土地肥沃，交通便利。

（二）村寨选址的自然因素

村寨的选址与周边的自然环境有着密切的关系。古人在提出"沟防省"与"水用足"的原则时，就已经充分认识到自然环境在村寨选址中的影响。

水因素：广西地处我国南疆，属降雨量较大的亚热带气候，水资源相当丰富，是各民族选择居所的理想区域。可见，接近水源是广西村寨选址的普遍现象，往往靠近河湖、溪川，或在有丰富的地下水可资利用的地方（图4-1～图4-5）。

土地因素：农耕是村寨的最初生产状态，任何一个村寨形成都离不开耕地。因此，为了生产、生存，在广西民居村寨选址时，村寨四周往往都会有足够的田地以供耕种开垦（图4-6）。

地势因素：村寨选址普遍都在高山阳坡或依傍河谷的平坦地带，易排水而不易内涝，同时也可以争取到良好的朝向与通风（图4-7、图4-8）。

（三）村寨选址的社会因素

村寨选址除了地理因素外，交通条件和历史上的民族迁徙等社会因素都是影响村寨选址的重要因素。

交通因素：很多村寨的选址尽量靠近水陆交通设施，这良好的交通区位方便了居民与外界交流，如通过"趁圩"（赶集、赶场）交换剩余农产品或参加民俗活动。如南宁西郊的杨美古镇，原是越族聚居村寨，择址濒临邕江水运航道，后因水运交通便利而日渐兴盛。

民族因素：历史上的民族迁徙与耕作方式也是造成广西少数民族村寨分布的重要原因之一。汉族自秦始皇统一岭南后，由于屯兵与巩固政权的需要，汉族耕种在平原地带的肥沃良田。壮族是广西的土著民族，也是广西人口最多的少数民族，历史上曾经实行土司制度，他们也大多耕种

图4-1　融水洞头乡岜朵寨（苗族）

图4-2　三江林溪寨（侗族）

图4-3　灵川县大圩古镇（汉族）

图 4-4 靖西县旧洲古镇（壮族）

图 4-5 昭平县黄姚古镇（汉族）

图 4-6　三江三团寨（侗族）

图 4-7　三江程阳八寨（侗族）

图 4-8 融水安太乡林洞寨（苗族）

山下肥沃的良田。而苗、瑶、侗等其他少数民族受到压迫，只能迁至桂西北的大山区。民间素有"汉族、壮族住平地，侗族住山脚，苗族住山腰，瑶族住山顶"的说法[1]（图4-9）。

（四）村寨选址的风水因素

风水观是我国古代早期的规划理念，它对中国古代村寨的选址产生了深刻而普遍的影响，是左右中国古代村寨格局的最显著的力量。广西村寨在选址中亦受风水术的影响，主要以"形式法"的"觅龙、察砂、观水、点穴、取向"等五决来确定村寨选址（图4-10）。

觅龙：指在蜿蜒起伏的山脉中寻找最佳位置。对山而言，山之南为阳，北为阴；就山和住宅而言，山为阴，住宅为阳。以房屋的阴面（背面）与山的阳面相对，村寨建筑便能获得良好的阳光和通风条件，此所谓"负阴抱阳"。

图4-9　村寨选址的社会因素

图4-10　风水学中最佳村寨选址意象

察砂：砂即是主峰四周的小山。对于村寨而言，除了"觅龙"之外，还要特别注意左右护砂及上砂（即来风方向）的山形要高、大、长，这样方能"收气挡风"。下砂则要相对矮小。这种三面环山、前方仍有远山的地形，有利于村寨避风、通风和回风等方面的要求。

观水：水口包括入水口与出水口两种。风水中强调流入之处要开敞，流出之处要封闭。"凡到一乡之中，先看水域归哪边，水抱边可寻地，水反边不可下。"就是说，村寨要定在水环抱的一边，亦即水隈曲的一边。据地质学考察，河流隈曲处地质结构深厚坚固，能阻挡流水冲击，除安全耐久之外还兼有三面环水之美。

点穴：即最后确定基址的地点范围。"阳基喜地势宽平，局面阔大，前不破碎，坐得方正，枕山襟水，或左山右水"，实际上是对环境要求有充分的活动空间，使人在心理上有一种开阔轻松之感。龙脊村寨多分布在半山腰或近山腰处坡地的中心位置就缘于此。

取向：指在阳基位置选定后兴土动工时，用罗盘测定房屋的具体位置与朝向。

西林县的那劳乡那劳寨是清光绪初年云贵总督岑毓英和清末两广总督、四川总督岑春煊的故里，全寨从村寨选址到宅堂建设都严格遵循风水法则，是风水选址的一个典范（图4-11）。

广西传统村寨的形成和发展，是在广西特殊的地理条件和生态环境下，各族人们在长期的生产和生活实践中，表现出对自然环境认知和利用的结果；是广西人民尊重大自然的客观规律，充分利用客观的物质资源来满足人类需求的能动反映。传统村寨的选址、朝向、布局，蕴含着地质学、环境工程学、哲学、气象学等原理，具有很高的研究价值。

二、内部空间布局

村寨作为聚落最基本的形态，其内部空间与民族、礼制、文化有着千丝万缕的联系。本节将通过对村寨内部空间组织的分析，来解释村寨的

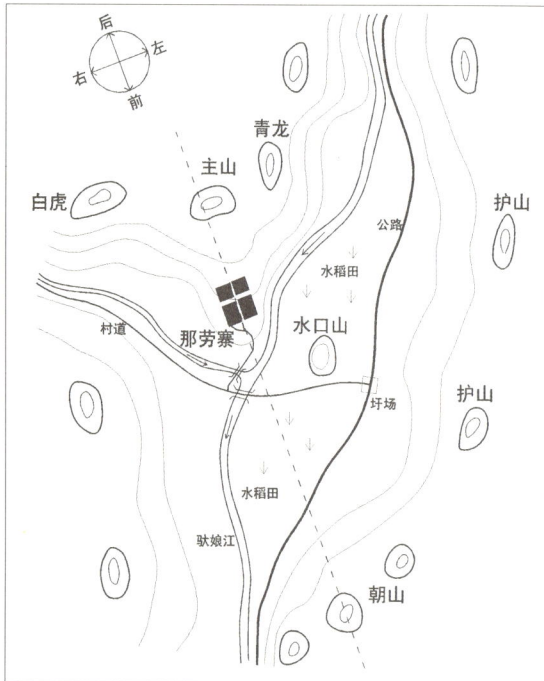

图 4-11 　西林县那劳寨风水环境

空间布局及其功能组织的关系。

（一）场所要求

人与环境作用构成的"内外"空间即为场所。作为社会组成的最初级单元，村寨有其自身完整的社会体系及功能需求，我们称之为场所要求。村寨的场所一般分为三类最基本的类型：生产场所、居住场所和公共场所。

生产场所：用于村寨生产的组织，是人们生产的空间。生产功能是一个完整的社会体系的基本要求之一，它为社会发展提供了物质基础。广西的村寨一般以农耕为主，生产场所多布置于村寨的外缘（图 4-12），与村寨之间的关系：或是村寨前为水田、后为旱地，或是重重梯田包围了村寨，或是村寨处于全旱作，而且耕作半径很大的大石山区。

图 4-12 　三江独峒乡高定寨，村外的生产场所

居住场所：是人们居住的空间，村寨的基本组成单位，与人们日常生活最为密切的要素之一。其中，建筑作为居住场所的主要表现形式，其布局模式在一定程度上反映了民族习惯与宗教信仰，是居住文化的物质载体之一（图4-13）。

公共场所：多为开放性的公共活动空间。在汉族村落，具体形式表现多为宗祠、谷场、庙宇或大树底下等（图4-14）。而在广西一些少数民族村寨，则表现为鼓楼、圩场、歌台等，是体现村寨凝聚力的场所（图4-15）。

图4-13 三江独峒乡牙寨，居住场所

图4-14 灵山县大芦村，树下的活动场所

图 4-15   三江马寨, 公共场所

(二) 空间布局的影响因素

广西村寨的布局一般没有严格的规划, 但因受一些传统礼制、乡俗民约或风水观念的影响, 村寨的入口处理、街巷布局以及一些公共建筑和宗祠建筑的布局, 都能与一般民居相互配合。可以说, 村寨空间布局不仅是功能需求的结果, 也是宗族习俗、民族特性、风水观念等社会人文要素的反映。

宗族观念: 以血缘宗族聚居的方式组织的村寨布局, 受到宗族制度以及文化信仰的影响, 在内部空间布置上体现出强烈的秩序感与等级制度。祖宅作为宗族中具有重要象征的建筑, 是宗族向心力之所在, 一般位于村寨的中心。宗祠多分布于祖宅周围, 是家族中各分支的公共性建筑, 除了祭祀祖先之外, 还是家族议事、族人聚会、学堂私塾、举办红白喜事的场所。大的祠堂多建有戏台, 供村民演戏祭神之用。村寨中建设有一些小的庙宇, 供奉与人们生活密切相关的神。庙宇多设在村口或村中心广场边, 形成大众的活动中心之一。牌坊是家族先人功绩和荣耀的重要表征, 受到后世子孙的景仰。作为封建礼制的象征性建筑, 在中国古代, 牌坊一般布置在村头或村尾, 与村中的文昌阁、孔庙、书院等建筑联系紧密 (图 4-16), 体现了中国传统的耕读思想, 正

图4-16 灌阳县月岭村，牌坊与文昌阁

所谓"耕可致富，读可荣身"。

民族习惯：民族的传统习俗对村寨的内部空间布局也有直接的影响。壮族是能歌善舞的民族，"赶歌圩"是壮族特有的习俗，歌圩舞场都布置在村外，这构成了壮族村寨的一大特点。侗族聚族而居，鼓楼是侗族的标志，一般建在村寨的中心，处于村寨地势较高的地段，空间上统领全村，也是议事和文化娱乐的场所（图4-17）。

风水观念：传统的风水观念对村寨空间布局有明显的影响，负阴抱阳、背山面水的空间格局是村寨形态的具体表现。村中风水树、风水池、风水桥的布置也非常讲究。一般而言，风水树多位于村镇入口处，也常植于戏台旁、水井边或村民聚会和交往娱乐的中心广场上。风水树如同村镇守护神，不仅在心理上给村民安全和庇护感，若在村头镇口还能起到遮挡视线和引导的作用（图4-18）。风水讲究"得水为上"，一些村镇或富户大院前设"风水池"，又称"龙池"，许多村

镇有围绕"龙池"的居住群组。"龙池"敞开的一面多为村镇入口，时常配风水树，树下设石砌神龛，形成完整和谐的景象。龙池与风水树一样，是村民心目中的吉祥象征和全村安宁、幸福的保护神。全州县鲁水村寨前的大水塘既是风水塘，又是生活、生产用水的保障（图4-19）。在很多村寨中，建风水桥除了解决交通功能外，也是风俗观念的一种表现。在一些村寨，村民认为桥通便利，人都是从天上经桥来到人间，因此每家每人都有自己的"保命桥"，故而有祭桥求子，造桥行善之风。因此有的建造通车或行人的大型风水桥，也有的修造一些象征性的桥——"板凳桥"，置于寨口，方便村民休息。

（三）主要设施

村寨设施主要有道路、码头、给排水系统等。主要道路一般是由石板或卵石铺设而成（图4-20），等级较低的巷道小径大多为泥土路面，没有任何修饰。码头是水运交通重要的设施，以

图4—17　三江林略
寨，鼓楼布局在村
寨的中心，起统领
作用

图4-18　龙胜金竹
壮寨，风水树

图 4-19   灵山县大芦村，风水池

a. 灵川县雄村   b. 富川县富阳古城   c. 贺州龙井村

图 4-20   部分村寨道路及排水设施

水运为发展依托的村寨都比较繁华，如杨美古镇就有八个码头。有些村寨建设有完整的给排水体系，沿路布置有排水沟，经过每户门前用于生活污水的收集，并排放至附近的河流，每户设置有水井或水池，主要从消防和生活使用上考虑。部分村寨为防兵乱匪盗，还设置围墙、炮楼、碉堡等严密的防御设施。

三、村寨空间形态

村寨的形成是自然因素与社会因素共同作用的结果，在不同的自然环境、民族特性、风水观点以及人文要素等背景下，不同的村寨表现出不同的空间形态。从村寨规模和布局形态上分析，有散点型、单线型、复线型和网络型等四种类型（图 4-21）。

（一）散点型村寨

散点型村寨规模较小，住宅稀疏散落地分布，不形成任何形式的街或巷。建筑群体布局呈自由散落的状态，要么不讲究布局朝向，要么不讲究

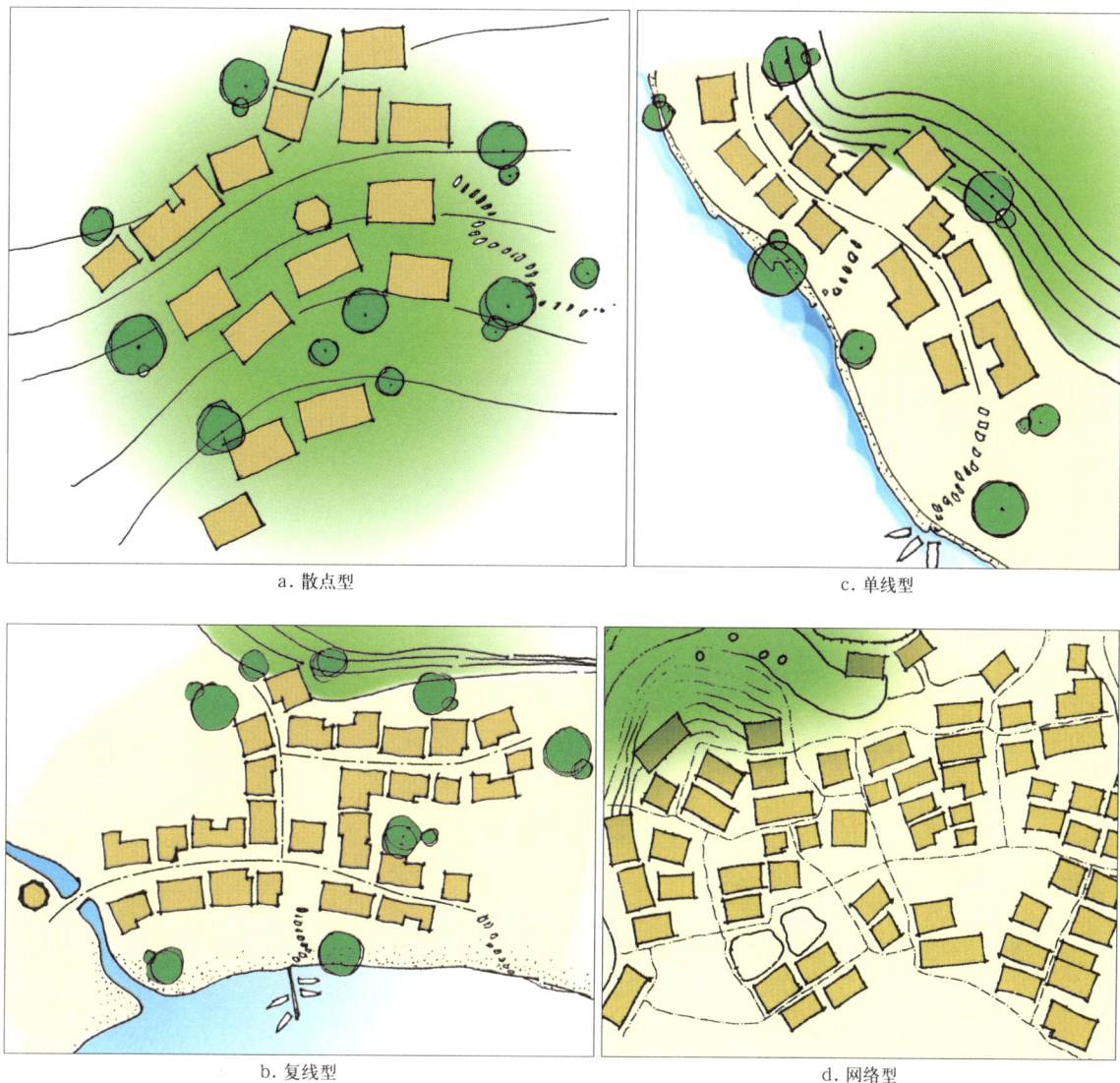

a. 散点型

c. 单线型

b. 复线型

d. 网络型

图 4-21　村落的四种外部空间形态示意图

形式或不受传统礼制的约束。这种村寨内部联系较弱，居民之间或多或少没有共同的民族信仰和生活习俗。他们的共同特点就是居住在同一个区域内，共同享有该区域的生产场所。这是村寨最低级的一种形态，多见于山区的村寨（图 4-22）。

（二）单线型村寨

单线型村寨一般是以一条主要街道为轴线，公共活动以及居民生活都集中在这条主要轴线上。这种村寨组合形式简单，沿主街两侧布置建筑，建筑与街道直接连接，局部形成开敞的公共空间，如井台、街巷交叉口等。贯穿全村的街道两端是全村的主要出入口。如灵川县熊村具有较明显的单线型特征。此外村寨分为平地和山地两

个部分，"有路便有渠"是平地部分的特色，建筑皆沿渠而建构成线型布局。

（三）复线型村寨

随着村寨规模的扩大，单线型道路骨架就会将村寨拉得很长，不便于村民的交往和联系。因而，很多村寨的主要道路相互交叉，呈"十"字、"T"字或"人"字形，以此衍生出众多的巷道和住宅，形成丰富多变的村寨平面布局，此所谓"复线型村寨"。街道的交叉处往往是村的中心，有公共建筑或有开放性空间，成为村民公共交往的场所。从村寨整体布局形态来看，有的村寨道路及交叉方式比较自由，有的平直规整。建筑布局有的受传统礼制影响，讲究坐北朝南，有的比较自由松

图 4-22 融水元宝村

散。一般来说，就民族特性而言，汉族或受儒家思想影响较重的民族村寨平面布局较规整，而大多数少数民族村寨较自由；就地势而言，平地村寨规整布局较多，而山地村寨自由布局较多。

（四）网络型村寨

随着村寨规模的进一步扩大，复线型村寨逐步发展，由原来简单的"十"字或"T"字的形式发展成为纵横交错的网格形式。

受传统封建礼制影响形成的村寨，布局规整，形态方正。一般多见于汉族村寨。如汉族村寨灌阳县月岭村，村寨布局形态特点是其室外空间形态丰富。村中道路及建筑集中布置，建筑布局不拘朝向，但形态规整，以中部的唐家大院最为突出。街巷空间依地势高低错落，组合形式多样，随机自如，以远山为背景，以山墙为对景，营造出变幻多端、步移景易的空间景观（图4-23、图24）。又如富川县的汉族村寨秀水村（图4-25、图4-26），其地形地貌复杂多变，古有"五半山岭四平原，半分川水绕田园"的说法。村寨背山面水而建于平地之上，整个村寨由四个组团构成。

"一村（自然村，即是我们说的组团）、一台（戏台）、一山（后山）、一水（前水）、一坪（观戏坪）"是秀水村基本的空间格局。从空间形态上看，村寨空间高低错落，形态丰富。背景山体打破了平地村寨天际线的单调感，村内戏台、门楼、祠堂、阁楼等公建空间上较普通住宅突出，构建了秀水村的空间序列。

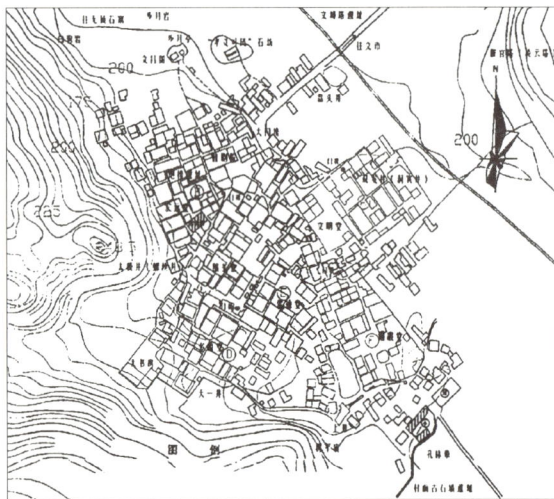

图4-24　灌阳县月岭村平面图

图4-23　灌阳县月岭村外部空间

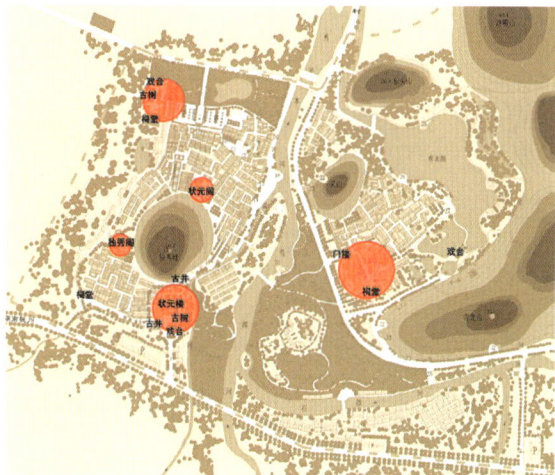

图 4-25 富川秀水村空间结构图

图 4-26 富川秀水村总平面图

其他少数民族村寨，如壮族、瑶族、侗族、苗族等多建于山地丘陵地带，依山就势，布局较自由，形态丰富多变，道路随地势起伏而变化，形成自由的网络结构。这种自由网络型又可分为树枝状、交织状、放射状及带状等形式（图4-27）。

树枝状网络结构如龙胜县金竹壮寨。村寨位于陡坡地段，道路随地形自下而上，纵向贯穿全寨。建筑沿等高线布置于道路两侧，形成多个"开"、"合"空间序列。一纵数横的树枝状道路结构系统突出了村寨的空间形态。寨中溪水顺路而下，与道路系统相呼应。寨中建筑、道路和自然绿化的有机结合，形成层次丰富的空间，增强了景观效果（图4-28）。又如三江县寻牛侗寨和林略侗寨，村寨道路网呈树枝状形态。村寨坐落

a. 树枝状

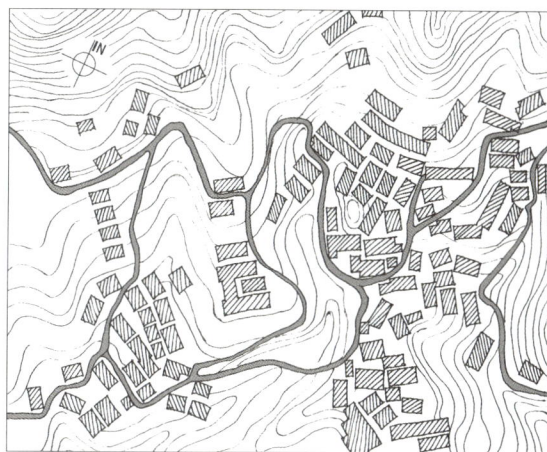

b. 交织状

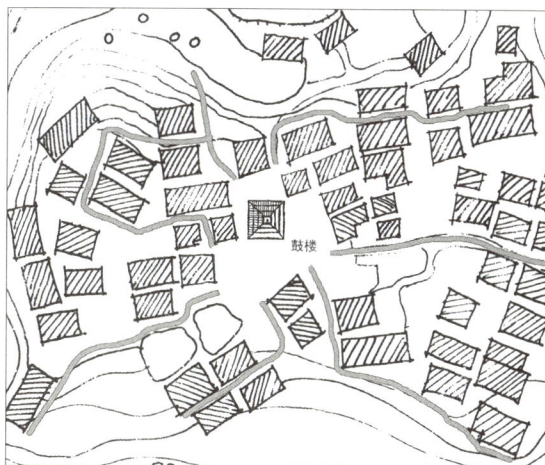

c. 放射状

图 4-27 少数民族的各种自由式路网

图 4-28 龙胜金竹村壮寨

于山腰，干栏式民居顺着等高线自由随机地嵌入山腰坡地，重重叠叠，随山势起伏变化的村寨与层层梯田相互呼应。由于田地分布在不同的高度，村庄道路与建筑也形成爬坡的格局，与梯田层层叠叠的曲线形成和谐的韵律，构造出轮廓线延绵有致的丰富的景观层次（图 4-29 ～图 4-31）。

交织状网络结构的壮族平安寨。建在两山合抱之坳，坐落于梯田之间，布局形态与金竹寨相似，空间结构上形成数个多向的条形，民居依山而建，建筑不拘朝向，错落有致，形成与梯田曲线极为和谐的韵律。

放射状网络结构的三江县侗族村寨。村寨道路网多，村寨道路网多呈放射状，建筑群体为向心式布局，这与侗族本身的历史文化、社交礼仪及生活习俗有着密切的关系。

带状网络结构的侗族独峒寨。采用沿河带状布局，民居木楼沿河两岸布置，靠河一侧均将底层局部架空，形成长廊式通道。道路从多栋建筑下纵穿而过，既保证了建筑用地，又使得寨内道路畅通，具有浓厚的地方特色。风雨桥横跨河流，把两岸檐廊式道路连为一体，居民步行晴雨无忧。小河、民居建筑、廊式道路及风雨桥等构成独特

图 4-29　三江寻牛侗寨

的沿河侗寨空间环境。

四、村寨空间意象

（一）空间意象的概念与元素

1. 空间意象的概念

关于意象的概念，在心理学中与"心象"、"表象"、"记忆表象"具有相同的词义，皆指头脑中所保持的对过去事物所呈现的再现性映像，是一种以往刺激遗留在大脑皮层上的兴奋痕迹。而空间的意象，即以聚落空间为艺术形象，在人与物体环境的交流的基础上，公众对于所经历环境体验所形成的清晰的、形象鲜明的"心理图像"。

2. 空间意象的元素

关于如何研究聚落空间意象，凯文－林奇（Kevin Lynch）认为：人并不是直接对物质环境作出反应，而是根据他对空间环境所产生的意象而采取行动的。因此，不同的观察者对于同一个确定的现实有着明显不同的意象，由此而导致了不同的行为。他提出，意象的要素具有三方面：同一性（identity）、结构（structure）和意义（meaning）。他通过广泛的调查，在运用认知心理学方法的基础上，提出了城市意象的五项基本元素：道路、边界、区域、节点和标志物。

图 4-30　融水苗寨

图 4-31　三江林略
侗寨

既然传统聚落与城市存在着相似之处，我们可以借鉴凯文·林奇分析城市的方法来分析广西传统聚落的空间。在林奇城市意象的五项元素上，考虑到村寨识别中环境的重要性，增加了"环境"这个元素，即：路径（path）、边界（edge）、区域（district）、节点（node）、标志物（1andmark）、环境（environment）共六项元素（图4-32），以此对广西传统聚落的空间意象进行分析和探讨。

（二）村寨意象分析

广西传统村寨就其做工及精美程度而言，往往不及徽州、山西等地的民居。但由于自然地形的复杂变化、民族文化的绚烂多彩，在漫长的历史发展中，形成了丰富多样的形态，给人以美的感受（图4-33）。下面将借用凯文·林奇（Kevin Lynch）空间意象的分析方法，来解读广西传统村寨的意象。

1. 路径

借用凯文·林奇的路径概念，广西传统村寨空间意象中路径指的是以观察者的习惯、偶然或是潜在的移动通道，它可能是机动车道、步行道抑或是河流小溪。

在观察和识别传统聚落道路时，常常有两种截然不同的感受。一种是道路比较规整的聚落，通过道路很容易了解聚落的基本规模、形态和内容。而另一种则完全相反，往往感受到的是支离破碎的有趣味的空间片断。无论曲折的或简单的道路，都可以给探访者带来鲜明的印象（图4-34～图4-36）。通过对道路网络的辨别，很快便可以了解村寨的整体形象。

图4-33 龙胜大寨

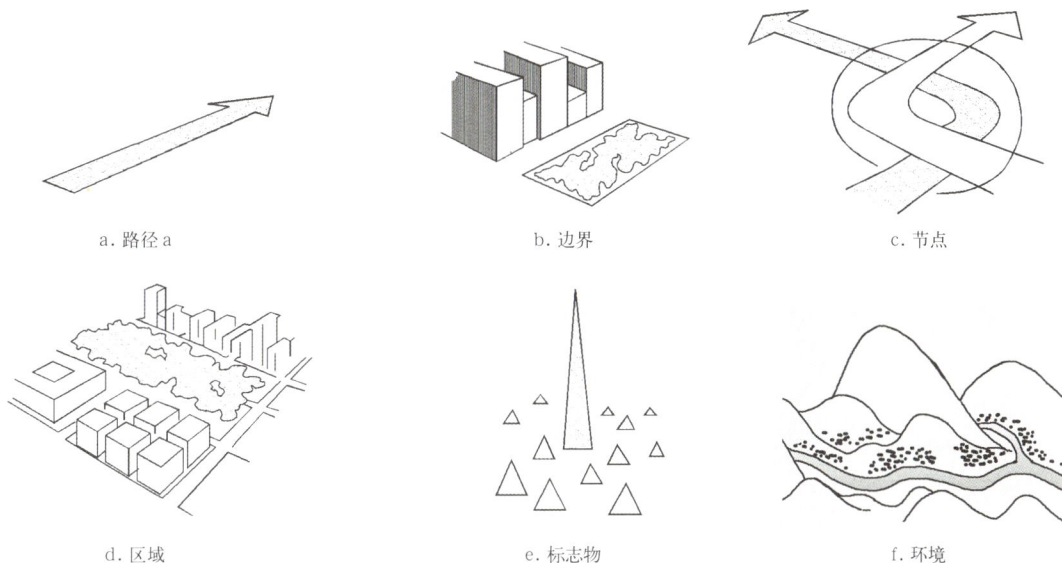

a. 路径a

b. 边界

c. 节点

d. 区域

e. 标志物

f. 环境

图4-32 凯文·林奇的城市空间意象五个元素及环境元素示意图

图 4-34　龙胜大寨

图 4—35　融水整垛苗寨

图 4—36　富川秀水村

2.边界

"边界是线性要素,但观察者并没有把它与路径等同使用或对待,它是两个部分的边界,是连续过程中的线形中断……是一种横向的参照……"[2] 传统村寨意象的边界,一般为天际线,聚落的边缘、河流的边线等等(图4-37、图4-38)。

传统村寨的边界往往比城市中的边界更丰富。例如富川县秀水村,河道与山体构成的天际线所体现出的边界作用,使人对其过目不忘。又如在三江平安寨的边界,我们看到入口的风雨桥,看到作为道路的线性空间穿越了作为村寨边界的河流,然后进入村寨。风雨桥与河流、道路交织在一起,使探访者产生强烈的印象 (图4-39)。

平地村寨往往有明显的边界。汉族村寨除开多数形制规整外,形成明显边界的原因,还与它们的周边环境有关。稻田、水面是主要的环境要素,这样的环境要素是平面展开的,于是边界水平与竖直向对比,意象效果就强烈起来(图4-40)。山地村寨往往没有明显的边界。相对的,山地村寨多是处于变化较大的地形里,这样的地形变化自身就有竖向的感觉,加上树木的映衬,于是,它们的边界就变得模糊起来。

由此可以看出,规划的对象,当希望融入环境的时候,我们可以弱化它的边界。这种弱化的手段,可以是缩小体量、模糊边缘以及减少对比。当力图突出规划对象的形象时,我们则应该强化它的边界。

3.区域

"区域是城市内中等以上的分区,是二维平面,观察者从心理上有'进入'其中的感觉,因为具有某些共同的能够被识别的特征。这些特征通常从内部可以确认,从外部也能看到并可以用

图4-37　富川秀水村

图 4-38　富川秀水村

图4-39 三江程阳永济桥

图4-40 富川秀水村

来作为参照。"[3]传统村寨意象的区域没有城市区域那样复杂，通常可以简单地从不同的功能作用加以划分，如：种植区域、居住区域以及交往区域等等。

以三江马安寨为例，交往区域由村寨中间以鼓楼为中心的一块歌舞表演场界定（图4-41），周边则是梯田和山坡所形成的种植区域，居住区域则是前两者之间的村寨空间。这些不同的区域由于功能上的相对单一，形态上的差别大，所以也就比较容易识别。

图 4-41 三江马鞍寨广场活动区域

4. 节点

"节点是在城市中观察者能够由此进入的有战略性的点，是人们往来行程的集中焦点。它们首先是连接点，交通线路中的休息站，道路的交叉或汇集点，从一种结构向另一种结构的转换处，也可能只是简单的聚集点"[4]（图 4-42）。

与城镇节点不同，传统村寨路径的节点，往往受到自然环境的影响，路径自然传折，节点富有韵味。如金竹寨的入口，细而长的路，在简单的石门处分成了两节，一边是荒野的村外，里面

则是通向可以提供庇护的村寨了。进入村寨后，不时有一些或大或小的场地形成节点。在节点处，有活动广场和半悬挑的休息廊，颇具情趣。

5. 标志物

"标志物是另一类型的点状参照物，观察者只是位于其外部，而未进入其中。标志物通常是一个定义简单的有形物体，比如建筑、标志、店铺或山峦，也就是许多可能元素中挑选出一个突出元素"[5]。

作为标志物，在空间上具有统领全局的作用。

图 4-42　龙胜金竹壮寨

其关键的物质特征是具有单一性，在某些方面具有惟一性，在整个环境中令人难忘。一般来讲，少数民族村寨以人工标志物为主，这些人工建造的标志物往往有其实在的生活意义，有其使用上的功能，比如风雨桥、鼓楼（图 4-43、图 4-44）。当然也有纯象征意义的标志物，比如图腾柱。汉族传统村寨的自然标志物往往是"靠山"、风水树，人工标志物一般是塔、牌坊，通常建造在与村寨有一定距离又十分重要的地方。这些标志物多有风水和纪念意义，或者说象征意义，它们在精神寄托上的功能多于使用上的功能。

鼓楼、风雨桥、古塔、牌坊、大树（中心树或者大树群）、风水靠山、石敢当，甚至是连续的稻草堆，都是广西村寨中常见的标志物。一些村寨将高大的树木当作是村寨的标志物和中心，四周建筑环绕形成场地。而在桂北的一些村寨中，由于鼓楼的特殊功能和突出造型，使之自然成为了村寨的中心和引人注目的标志物。鼓楼一般与戏台相对，强调中轴对称，两者间形成一个较为规整的鼓楼广场。在桂北侗族村寨，风雨桥是一种廊桥，除具备基本的交通功能外，实际上同时还是一个村寨的标志物、公共活动的场所，甚至

图 4—43　三江程阳风雨桥

图 4-44　三江高定寨鼓楼

是村寨的中心。绝大部分风雨桥的屋顶部分都处
理得十分丰富，具有较强的美学价值，极大地增
加了村寨的整体景观效果。

6.环境

村寨与城市不同，它们受自然环境的影响存
在着很大的区别。在城市中，观察者更多时候感
受到的是周边的人文环境。村寨的规模比城市小
得多，观察者在村寨中随时都能感受到周围自然
环境的影响。村寨与自然环境结合紧密，甚至融
为一体，共同构成观察者眼中的村寨意象。可见
自然环境是村寨空间形态的重要影响因素，聚落

图4-45　龙胜金竹壮寨

图4-46　龙胜大寨（瑶族）

与自然环境两者互相交融，互为重要组成部分。

　　从聚落意象元素的形成来说，环境本身具有强烈的"可读性"与"可识别性"，并且能够根据其具有的不同个性与结构，所以在观察者脑海中留下不同印象。因此，环境作为传统村寨意象中的一项重要元素，在广西村寨空间意象分析中得以重视。

　　在龙胜县龙脊十三寨中，壮族和瑶族村寨的空间布局和建筑风貌往往与雄奇的梯田融为一体，给人们留下与众不同的印象（图4-45～图4-47）。而灵川县海洋乡，素以其繁盛的银杏植被景观而著称，每到金秋季节，乡村沐浴在一片金黄色之中，给人以深刻的色彩印象。可见，自然界的植被也创造了富有趣味的聚落空间意象（图4-48）。

图4-47　龙胜大寨（瑶族）

图 4-48　灵川县海洋乡

第二节　古镇

"镇"的概念由来已久，只是意义随着历史的更替而有所不同。一般根据功能的不同划分为两种类型：一是因军事屯兵、政治管辖需要而设置的军镇，即《新唐书·兵志》："唐初，兵之戍守者，大曰军，小曰守捉，曰城，曰镇"；另一种则是是有商业功能的集镇、圩镇、市镇，这个概念由宋代沿袭而来，沿用至今。

广西也有军镇和市镇之分。但广西的军镇，除了公元前 221 年至前 214 年秦始皇所建的"秦城"在今天的兴安县遗存有模糊的遗址外，其余军镇在历史的长河冲刷下都已基本失去原貌，难

以考究。遗存下来的商业集镇，有的因经济萎缩而逐渐衰落，有的延续下来成为我们现在的建制镇、县城，或是城市的一部分。保持着完整形态而又独立存在的古镇为数不多。因此，我们所指的广西古镇，泛指所有保留有比较完整的古建民居、传统习俗和生活方式的古城、古镇。

一、古镇的演进

（一）广西古镇的演变

公元前 221 年至前 214 年，秦始皇发动统一岭南的战争，在今兴安县大溶江镇兴土筑城，这就是广西有史记载的第一座城镇，后人称之为"秦城"。随着历代各朝对广西的行政区划，各军镇、县治、司治所在地就发展成为规模不等的城镇。由此可推，当时的这些城镇是军事布置和政治建

置的产物，不是商品经济发展所引起的市场聚落，不具有显著的商品生产和市场组织的经济功能。

隋唐时期，广西的一些政治中心或军事重镇曾经出现经济繁荣的景象，逐步由非经济城镇过渡为具有经济意义的城镇。这些城镇多位于水陆交通要道，南来北往的行旅，"皆集于此"[6]。

两宋时期，政治和经济重心南移，大量汉人迁入广西，带来了先进的生产工具和技术，广西社会经济迅速发展。在这一时期，广西出现了不少商业镇，如"象州有两个交纳商税的镇"[7]，"邕州、滕州亦有，而浔州则多达四镇"[8]。据《元丰九域志》统计，广南西路共有58镇。值得注意的是，宋以前，广西与外界的联系主要是北向对中原王朝的行政隶属和经济贡赋的关系，其交通联系方向主要是湘赣两省，由湘江水路转入漓江，灵渠成为主要的交通枢纽；此外所能依靠的只是一些绕行山间、崎岖不平的狭小旱道。所以，当时的城镇主要集中在桂东北地区。有资料记载："自三国直至元代的大部分时间里汉人聚居的规模和密度都在桂东南之上"[9]，而明代以后，随着全国统一市场的逐渐形成，特别是广东省商品经济强烈辐射源地的形成，西江水路的巨大经济价值体现出来。而且，岭南与中原等地文化与经济交往的6条水陆交通中有3条经过西江（图4-49），西江成为广西与外界最主要的通路。大批粤商沿西江航道进入广西，同时也大大促进了沿江城镇的发展，桂中及桂西南城镇迅速成长，圩镇的数量迅速增加、规模扩大。

步入近代，随着陆路交通的兴起，依赖水路交通发展的广西古镇逐渐失去了其商品集散地的地位，或向公路沿线靠拢，或衰落。典型的实例是兴安古镇，它因灵渠而成，古时是中原与岭南商品交换的贸易中心。而今，灵渠的交通功能逐渐丧失，兴安镇也衰退为兴安周边的贸易中心，城市的扩展方向与中心已经发生转移。

然而，随着经济的发展，尤其是旅游经济的崛起，古镇功能随之发生转变。新兴的旅游产业给沉寂已久的古镇注入了新的活力。如南宁的杨

图4-49　秦汉时期岭南交通流线图

美古镇，它始建于宋代，因位于邕江、左江、右江三江交汇处，水运便利而兴起，成为周围村寨集镇的商品集散地。而随着陆路交通的发展，水运交通的衰落，杨美古镇也随之沉寂。近几年，随着旅游产业的崛起，游人如织，杨美又开始展现往日的生机。

（二）广西古镇的分布

水是人民生活和生产的命脉，影响着城镇的选址。春秋战国时期《管子》中《乘马篇》有论："凡立国都，非于大山之下，必于广川之上。高毋近旱而水用足，下毋近水而沟防省"；《度地篇》："圣人之处国者，必于不倾之地，而择地形之肥饶者，乡山左右，经水若泽"。

广西境内水系发达，除东北部五岭山脉以北属长江流域，河流往北流入湘江，南部勾漏山以南诸水流入北部湾外，其余85%以上的地面皆属西江流域。河水大都顺地势的总倾斜方向，从西北流向东南，干流横贯广西，境内干流有红水河、黔江和浔江，支流分布两侧，遍布广西全境，其中以郁江、柳江、桂江最大。西江干支流构成一个以梧州为基点的扇状水系网。

西江是广西对外交通的主道，既是汉人南下的主要通道，亦是岭南与中原沟通经济文化的走廊。新中国成立前广西"十九须仰赖水运"[10]，使得在西江沿岸的经济率先发展起来，产生了许多功能各异的城镇，如桂平江口镇就是桂东南地

区的一个集散中心。此相类似的有苍梧戎圩、贺县（今贺州市）八步镇、封阳县城（今信都镇）、靖西县旧州古镇等等。

此可以看出，广西城镇的发展与广西的水运交通密不可分，其选址建设紧靠西江流域沿岸。钟文典先生指出：广西近代圩镇的布局与西江水系网的构造是相一致的。借用此结论，结合我们实际考察，可以判断：广西古镇的分布与西江水系网同构，呈扇形分布（图4-50）。

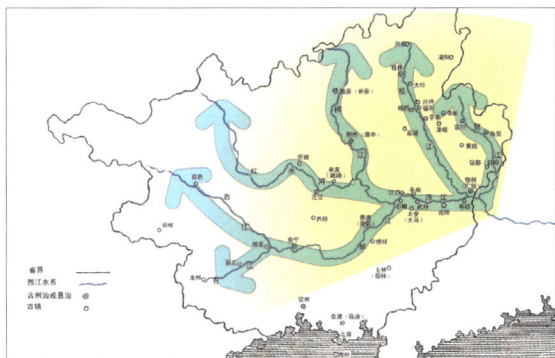

图4-50　广西古镇分布图

二、古镇的空间分析

（一）古镇的功能组织

随着生产发展和人类第二次劳动大分工，一般城镇的生活以"市"为中心，围绕着"市"展开，或形成传统的商业街道，或设立集中的商品交易的集散场所。戏台、寺庙、书院等公共建筑围绕"市"组织，戏台前一般设置有小广场，为人们集会、娱乐、举办活动的场地。会馆是外地来此经商之人为团结互助而建立的组织，一般布置在城镇中心地段。镇上大户的宅第一般占据镇上最好地段，建造在镇中心周围，或临街布置，或设于广场旁；宅旁建有家祠，用以供奉和祭祀家族祖先。民居多为砖瓦房，或沿街布置，或分组团集中布局，通过镇上大街小巷串联成完整的居住网络（图4-51）。军事地位显著的集镇主要突出其防卫性，常筑有城墙、城楼等防卫设施，或通过城外护城河以达到军事防御的需求。而商业功能突出，交通职能明显，无防御设施的古镇，也通过城门、桥、塔等元素强调古镇的入口及边界。

（二）古镇的空间形态

广西大多古镇由村寨聚落发展而来，随着社会经济的变化而变化。从空间格局来看，古镇的布局形态是村寨的延续，但从功能组织及社会经济结构来看，又较村寨先进、复杂。一般亦有单线型、复线型、网络型几种形态，但其内部功能组织却较村寨高级许多。

单线型古镇：这类古镇由驿站、圩镇等发展而成，主要突出其交通功能，以主要交通道路为轴线，组织各功能场所（图4-52）。这类古镇功

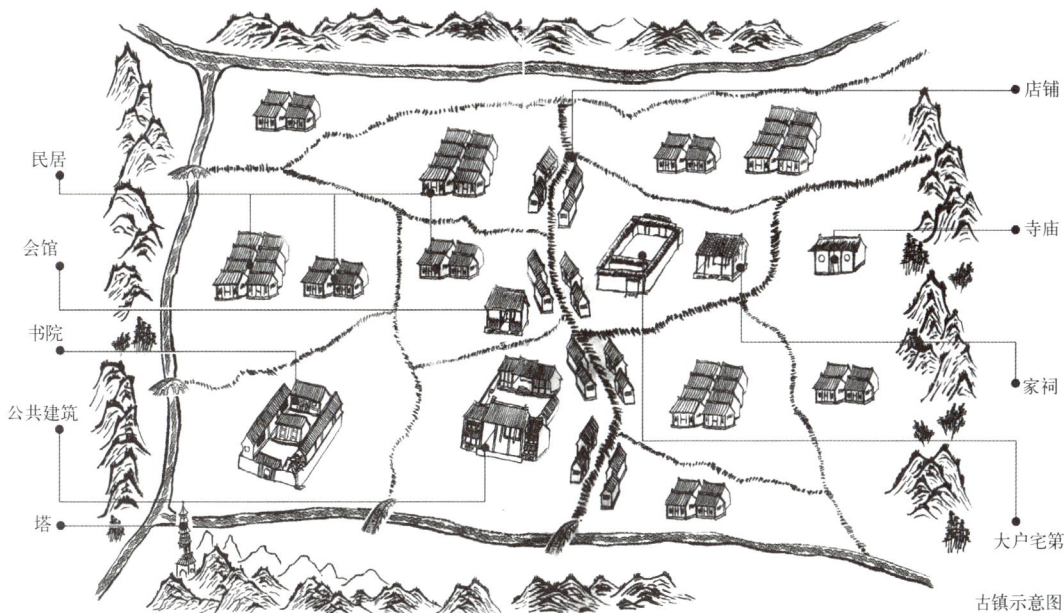

古镇示意图

图4-51　古镇平面示意图

图 4-52 阳朔兴坪
古镇

能单一，随着市场经济的发展，社会制度的变迁，功能逐渐退化，保留完整的实例不多。

复线型古镇：复线型古镇是在单线型空间形态的基础上发展起来的，其交通与商业功能尤为突出。当单线型不能满足城镇发展的空间要求时，城镇就会从集聚点向另一方向发展，形成"十"字、"T"字的空间形态。镇上的公共空间和活动场所一般布置在人流聚集的交叉点，居住建筑围绕其中心节点沿街道方向排列，道路系统结构清晰、明了。这种空间形态在以水运发展起来的大圩古镇表现突出（图4-53）。桂林灵川县的大圩古镇因历史上漓江水运业发达而形成，以漓江为边界，沿码头向内延伸。古镇以平行于江岸的石板街为轴线铺开，呈不规整的"十"字形空间，主街与码头间有巷道连通，构成古镇的交通体系。古镇主要建筑沿主街铺展开来，以鼓楼为中心，江西会馆及古宅旧址绕其分布，构成了古镇的中心场所。向西推进，湖南会馆、高祖庙构成了古街的另一场所空间的高潮点。在公共建筑前，一般会形成较开阔的广场或前庭。镇上的高祖庙、湖南会馆、江西会馆、清真寺等公建体量尺度较一般民居要大，沿老街一字排开，与城门相呼应，在空间上形成丰富的层次。

网络型古镇：当线型的空间不能满足古镇的发展时，随着古镇规模的进一步扩大，内部道路发展成为纵横交错的网格，这种因发展需要而形成的网络同样受到地形等因素的影响，呈现自由和规整两种主要形态。

（1）自由式

以交通或商业发展而来的古镇，受到地形的制约，空间形态上比较自由。城镇中心地位突出，功能明确，布置有大型的公建或开放的广场，是人们集会、娱乐、交往的场所。南宁市郊的扬美古镇就是典型的例子（图4-54）。扬美古镇位于邕江、左江、右江三江交汇处的长形半岛上，因水运便利而兴起，受到地形的限制，其布局是由江岸向内延伸，呈现不规整的形态。沿江设有八个码头，用于不同的水运交通需求。与江平行的临江街是古镇的重要的商业街，也是镇内最繁华的地段，有巷道直接与码头相连。300多米的路面全部为青石板铺筑，街两侧为青砖黑瓦的砖木结构的店铺。主要建筑都布置在临江街一带，包括黄氏庄园以及明清时代建设的民居住宅。旧时大户人家的建筑在规模和形体上皆较普通民居要突出，黄氏庄园从空间格局上，在临江街一带起着主导的作用。南北向的主要道路金马街与临江

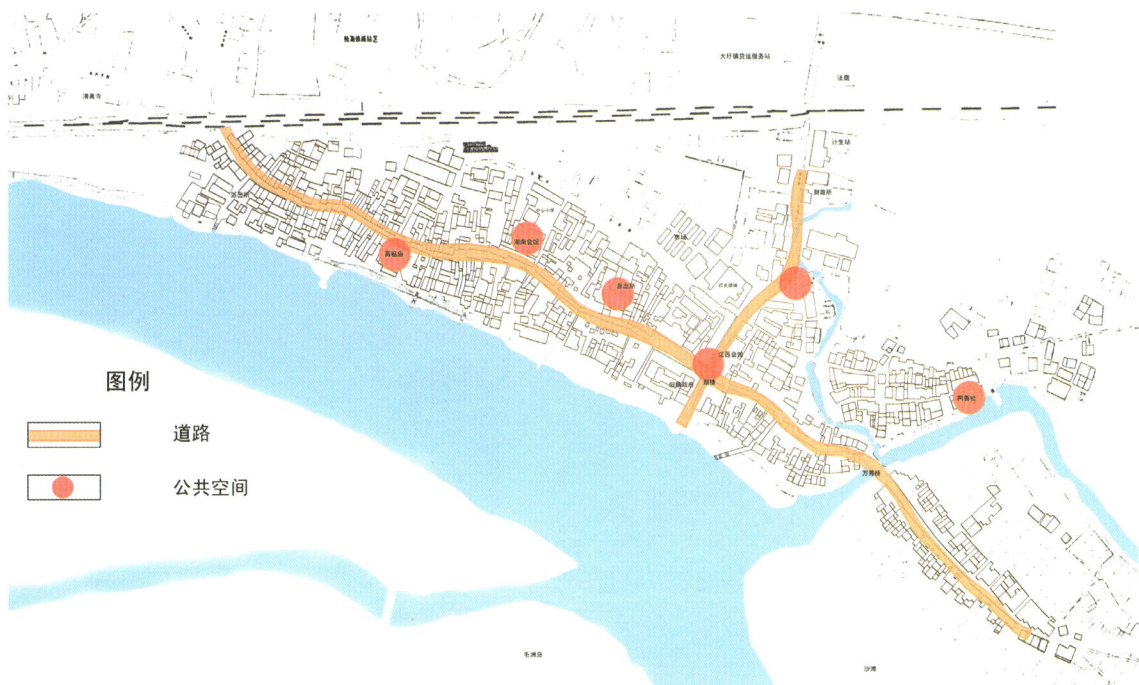

图例

▭　道路

●　公共空间

图4-53　灵川县大圩古镇平面图，复线型

图 4-54   南宁市扬美古镇平面示意图, 网络型

图 4-55   富川富阳古城平面示意图

街垂直, 其交会处构成了古镇内的中心地段。市场、五叠堂、金马街门等重要建筑沿街一字排开, 与低矮的民居交错形成跌宕起伏的空间序列。

(2) 规整式

有一些按照《周礼·考工记》中记载"匠人营国, 方九里, 旁三门, 国中九经九纬, 经涂九轨, 左祖右社, 前朝后市, 市朝一夫"的制度建造的古镇, 根据严格的等级制度, 形成对称的方格网式布局, 形态较为规整。富川古镇的布局就体现了这种传统礼制精神 (图 4-55)。富川县富阳古城的建设体现了当时非凡的军事功能, 城墙建设完整 (图 4-56), 东、西、南、北都建有城门, 城楼建于城门之上, 出于防御的需求, 城墙与城楼较城内建筑高出许多, 城外设有护城河, 防卫森严。城内街道呈"井"字形布局, 城内道路不宽。城内挖掘有"四漏"、"九井"、"四塘"

图 4-56   富川富阳古城东城门

的给排水市政设施系统。城内西、南方位为旧县衙署，西北方位为城守署和千户所，建筑工整，空间上统领着全城。北门两侧为学宫，建有文庙、武庙、令公寺、昭忠祠等，与县衙署相对应。东门两侧为书院。城南为民居、会馆、姓氏宗祠等。"井"字形道路将城内重要建筑及公共空间串联，城镇空间结构明晰（图4-57）。

三、古镇意象分析

（一）路径

古镇的道路系统相对分明，有较宽的、能通行车马的商业性街道，也有为居民出行服务的巷道、连接水岸的小桥与跳石等（图4-58～图

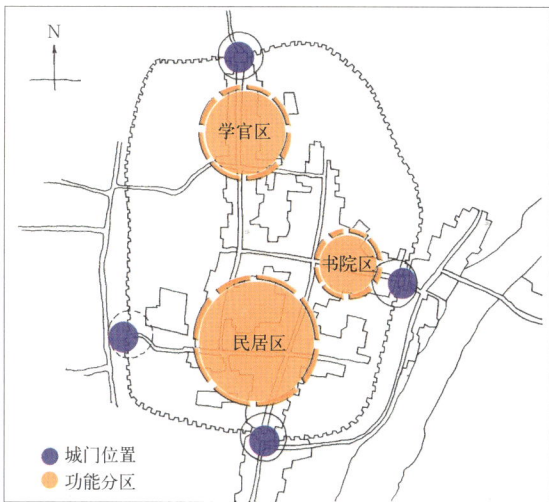

图4-57 富川富阳古城功能结构图

图4-58 黄姚古镇主街

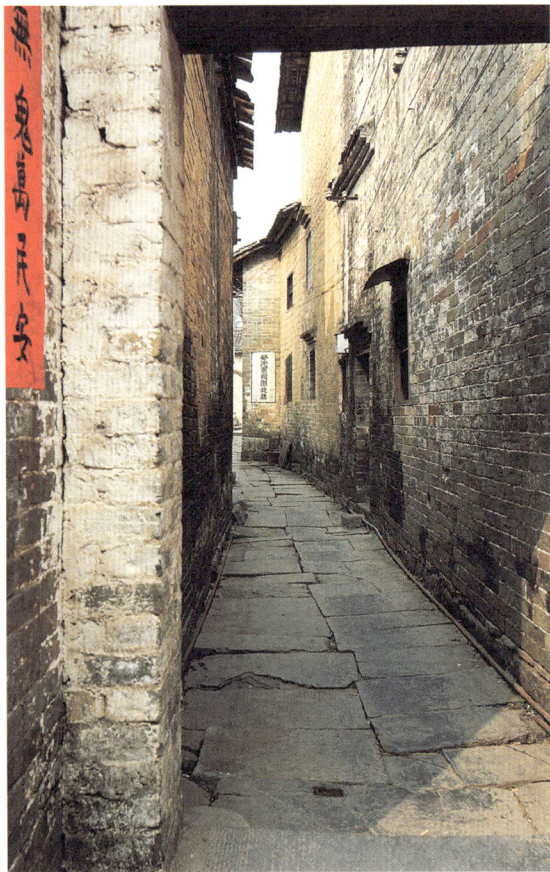

图 4-59　黄姚古镇巷道

4-61）。临水而居的古镇，往往有平行于河流及垂直于河流的主要街道，形成"十字形"、"鱼骨形"、"井字形"等干道网，而垂直于河流的短横街往往连接码头（图 4-62），一方面供客货通行，另一方面则供居民挑水或到江河边洗衣洗菜。

（二）边界

前面提到，广西的古镇多因水而兴。自然地，江河就成为古镇的重要边界，这个边界往往难以逾越（图 4-63）；另外，一些古镇的边界又体现出强烈的防御性：由城门出入，单独设立城墙或

图 4-61　昭平县黄姚古镇跳桥

图 4-60　昭平县黄姚古镇小桥

图 4—62　贺州临贺故城街道

由房屋外墙围合,给人以强烈的"内外有别"之感,如富川古城（图4-64）。

（三）区域

古镇的区域划分,往往有转运货物的码头等交通区域,有临街商铺与市场组成的商业区域,有宗祠、魁星楼、神楼等组成的精神中心（图4-65、图4-66）,在临街商铺后通过巷道连接的居民区,等等。通过场所的活动,通过大门临街与否或大门开间的大小,人们可以很自然感知这个区域的功能,对区域进行识别。

图4-63　黄姚古镇滨水界面

图4-64　富川古城城墙

图 4—65　富川古城
神楼

图 4-66　临贺故城祠堂

图 4-67 a　黄姚古镇入口之一

图 4-67 b　黄姚古镇入口之二

（四）节点

古镇的节点有入口、主要街道交叉口、码头、戏台、祠堂等。入口作为重要的节点，也有不同的形式：黄姚古镇的入口并不明显，但从入口进入内街后则有豁然开朗之感，可见其防御感之强（图4-67）；富川富阳古城高大的城门楼，则给人以强烈的"入口"意象（图4-68）。在古镇内道路交叉处或转弯处，通过小型广场或小亭，提示路径或空间的转换（图4-69）；码头是货物转运之地，也是居民在此洗菜、洗衣、相互交谈的公共节点（图4-70）。

（五）标志物

古镇的标志物通常处在古镇的节点位置。魁星楼、城门楼、古塔以其高耸的姿态，让人在古镇很远以外就可以感知目的地的"到达"（图4-70～图4-74）。戏台、祠堂等公共建筑则通过雕梁画栋的装饰，比古镇清一色的青砖小瓦民居给人以更强烈的印象（图4-75）。

（六）环境

自然环境与人文环境的有机融合，对古镇的风貌有着深刻的影响。阳朔县兴坪古镇，漓江蜿蜒，奇峰林立，素有"山水画廊"之称（图4-76）。山水环境成为兴坪古镇的主要风貌。黄姚古镇内参天大树与清澈的河流、古民居组成的景致，则让人对这个古镇倍增好感（图4-77、图4-78）。

图4-68　昭平县黄姚古镇

图4-72　贺州临贺故城魁星楼

图 4-69　黄姚古镇码头

图 4-70　扬美古镇文昌阁

图 4-71　靖西旧州古镇的文星塔

图 4-73　临贺故城文笔塔　　　　　　　　　　图 4-74　富川瑞光宝塔

图 4—75　黄姚古镇戏台

图 4—77　黄姚古镇整体环境

图 4-76 阳朔兴坪古镇的整体环境

图 4—78　黄姚古镇内部环境

第三节　历史街区

　　广西遗留有不少较为完整的历史街区，如南宁的民生路、兴宁路，桂林的靖江王城，北海的中山路、珠海路，柳州的中山西路、罗池路、立新路、太平街，梧州的五坊路、九坊路、南堤路、居仁路，百色的解放路，阳朔的西街等等。这些历史街区是城市发展变化的历史见证，其前身往往是城市特定历史阶段的中心甚至城市的全部，包含有城市的多种功能，如商业、居住、生产和行政等功能。

一、历史街区功能演变

　　随着城市化进程的加快，新城区开发，城市版图不断扩张，使得历史街区的功能有所转变。行政办公、工厂作坊等功能及设施逐渐迁出旧城区，历史街区仅剩下商业与居住功能。同时，由于城市文化的发掘和旅游业的兴起，也为历史街区的功能注入新的内容。

　　（一）商业功能的演变

　　商业功能是广西历史街区的重要功能，与全国各地的历史街区一样，广西历史街区的商业功能也经历了"兴盛—衰落—消亡或复兴"的三个阶段。

历史街区的商品生产和经营模式决定了其商业发展的局限性。历史街区中商品生产主要采用的是家庭作坊形式，商品经营各自为政，缺乏规模效应。沿街房屋既是商铺，同时还包含居住、生产的功能，是小商品经济时代的产物。而在大规模、标准化、集团化综合经营模式为主导的现代商业的冲击下，传统商业街在功能上受到较大的影响逐渐走向衰退。如梧州市的五坊路、九坊路、南堤路、居仁路一带的历史街区，曾承载着梧州最繁华的过去。在清代、民国时代，由于水运贸易的发达，街区中拥有大量的商行、洋行，鼎盛时期有大小商号1390多家，其中出口商号就有100家。随着时代的发展，梧州历史街区在近二三十年内逐渐衰落，许多老字号如大东酒店、谭谦记等逐渐难以为继，有些已被迫退出历史舞台。

但由于传统商业街空间尺度的亲和性、交通功能的淡化、居住功能逐渐减弱，其向商业步行街的转变也具备了基础条件。另外，城市文化的挖掘和城市形象的重塑等需要也为历史街区的复兴带来了契机，历史街区的商业活力在这些条件下逐渐旺盛起来，从阳朔西街、桂林正阳街、南宁兴宁路与民生路等历史街区的现状看出，在其他功能衰退的背景下，只有商业功能仍然能在历史街区存活并发展（图4-79、图4-80）。

图4-80　南宁市兴宁路与民生路

图4-79　北海市珠海路

（二）居住功能的演变

小商品经济时代，历史街区的居住与生产共存。历史街区的居民主要从事贸易和手工产品制作等职业，将手工业和生活起居用房置于店铺后部或上层，形成了"前店后坊"、"下店上宅"的居住模式。生产方式的改变和现代商业的发展，使得生产与居住逐渐分离。从居住环境的角度说，这种居住空间存在着光照不足和通风不畅的缺陷。并且由于年代久远，不少建筑缺乏维修，逐渐损毁，不仅卫生状况差，有些还存在较大的安全隐患。于是，历史街区原有的居住功能慢慢变弱。

但从历史传承的角度说，对现有的民居的居住条件可以用现代建筑技术的手段加以改造，保有一定容量的居民，也是传承城市文脉，延续城市生活风貌和人文景观的需要。

（三）交通功能的演变

作为当时城镇的主要街道，传统街区曾经承载着交通运输的重要功能，甚至有些还是当时主要的交通干道。但是历史街区的街道原来主要服务于人行、畜车行，路面狭窄。在交通工具的速度比较慢、体量比较小的时候，街道空间的交通功能与商业活动的矛盾虽然存在，但尚未激化。随着交通方式的变化以及交通工具的改进，历史街区街道已经不适应现代快速交通的需要。虽然有些历史街区仍然承担着城市的车行交通，但是已经退化为城市次干道，如百色的解放街、梧州的南环路、大中路，南宁的解放路。随着传统街区保护与改造的推广，步行逐渐成为其主要的交通方式（图4-81）。

（四）文化功能的特色

历史街区承载着城市的历史文脉，是城市记忆的载体。历史街区中的历史建筑、传统风貌和街巷形态，是城市居住格局、生活模式以及地域文化的反映。

以梧州为例，梧州地处"五水交汇"之处，曾经是广西的第一大商贸城市，现存的历史街区是当时居民生活、休闲、生产和进行商业活动的

图4-81　梧州骑楼城，步行空间

主要场所，现今仍有一些维持着原有的生活和生产模式，加上其众多的巴洛克、洛可可式建筑，展示着梧州历史街区特有的历史文化特色。

现代人文地理学派和现象主义建筑学派强调人在场所中的体验，认为历史街区的空间、造型特征，与人的活动及活动含义构成了场所体验三位一体的要素，是密不可分的。由此可见，历史街区具有强烈的历史文化个性。这也正是历史街区保护日益受到重视的原因之一。

（五）旅游功能的兴起

近年来，随着第三产业，尤其是旅游产业的兴起，很多城市都在寻找城市新的旅游经济增长点，广西的很多城市也不例外。由于历史街区能够在有限的区域内综合反映城市历史风貌，承载着城市历史文化的精华，是游人向往的场所，是城市开发文化旅游的主要地段，因此其旅游功能得到了发展。如桂林阳朔西街，其浓郁的历史文化风貌和地域特色，吸引了大量的游人（图4-82）。

百色的解放路，街区中保存有风格完整的骑楼建筑，有始建于康熙五十九年（1721年），至今已有280年历史的广西至今保存得最完好、规模最宏大的"粤东会馆"，也是中国工农红军第七军军部旧址，今天已经成为全国红色旅游胜地之一（图4-83）。

图 4-82 阳朔西街

图 4-83　百色市粤东会馆

二、历史街区的空间分析

历史街区是城市聚落发展的起源，其空间形态影响了城市的形态，同时也受城市发展的影响和制约。遗留的历史街区大多只是片断，往往呈现出来的是平面布局较为规整，有明显的边界和空间尺度特征。本节将对构成内部空间形态的这两个要素做重点分析。

（一）界面

界面是街道空间的直接构成要素。不同的建筑形态和组织方式，对于街道空间的形成有直接的影响。

广西传统街区的建筑构成主要有两种类型：一种是传统的檐廊式建筑（图 4-84）。其特征为砖木结构、硬山坡屋顶形式，立面装饰简洁，只在檐口、窗和裙墙做一些线脚装饰；二层、三层或檐部出挑，起到遮阳避雨的作用。另一种类型即是带有浓郁"南洋"风格的骑楼建筑。同样为砖木结构硬山坡屋顶形式，大部分的檐口用女儿墙封住，形成立面上由底层柱廊或券柱廊、楼层、女儿墙山花组成的三段式构图。立面装饰繁多，其立面效果带有西方文艺复兴、巴洛克和古典主义的强烈烙印。沿街建筑二层以上用柱子支承"骑"在人行道上，以柱廊或券柱廊内含街道的人行道，形成所谓的骑楼街（图 4-85）。

不管是传统檐廊式建筑或是"南洋"风格的骑楼，由于街区内功能是混合的，在不同的功能地段形成不同的空间尺度，有疏密和高低起伏变化，打破了线型空间的单调。例如以传统的檐廊式建筑为主的阳朔西街，一些公共建筑如原湖南会馆、江西会馆等形体规模上较普通民居高大，

图 4-84　阳朔西街

图 4-85　梧州大南路骑楼

建筑前形成开敞的广场空间，打破了线型界面的单调感，形成高低错落的空间序列，形态各异的山墙也给空间形态增加了趣味（图4-86）。

（二）空间尺度

吉伯德说过"街道是一个空间，这个空间可扩大成为集合或场地"。因此，历史街区设计中空间尺度的概念是很明确的。

广西历史街区的街道宽度较小，一般仅为3～5m，建筑高度在2～3层。从空间构成比例来看，街道宽度（D）／ 建筑高度（H）<1，空间感受应是压抑和封闭的。然而由于特殊的建筑形态与街道构成模糊的过渡空间（1≤D/H≤2），减少了压抑感，让人产生一种内聚、安定的感觉，而又不致产生排斥、离散的感觉。日本学者卢原义信先生在其著作《街道美学》中也提到过不同的空间比例关系给人产生不同的心理感

图4-86　阳朔新西街

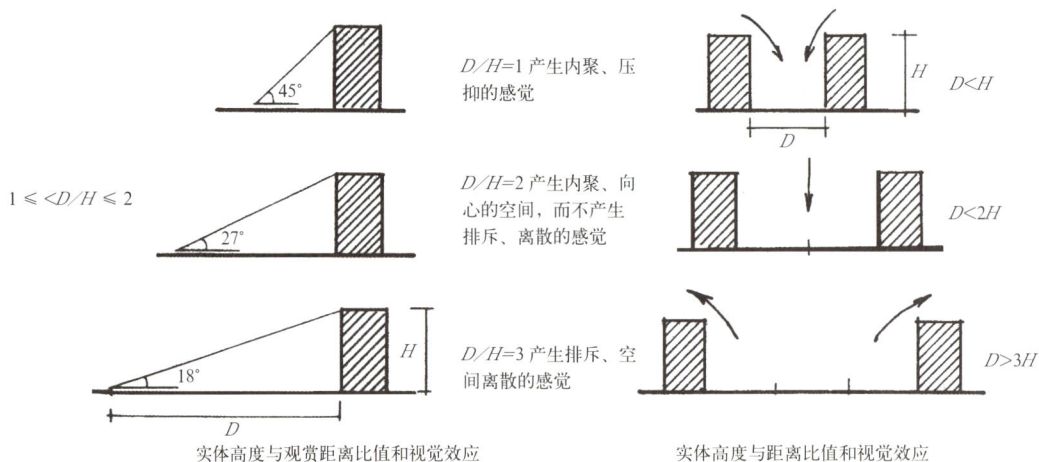

图4-87　卢原义信空间尺度分析

受,这与广西历史街区的情况非常相似(图4-87、图4-88)。

从人的行为心理分析,一般步行200m左右会产生疲惫感,因此在步行街区的设计中,一般200m左右会布置一个广场或开放性的活动空间,或有道路相连接,打破线型空间的单调,给外部空间带来节奏感。我们发现,在广西传统街区中,通常每隔一段距离会形成一个开放的小空间,或是市场,或是大宅的前院,亦或是公共建筑的前广场(图4-89)。

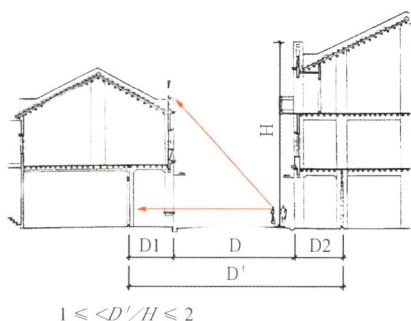

$1 \leqslant <D'/H \leqslant 2$

图4-88　广西传统街道空间尺度示意图

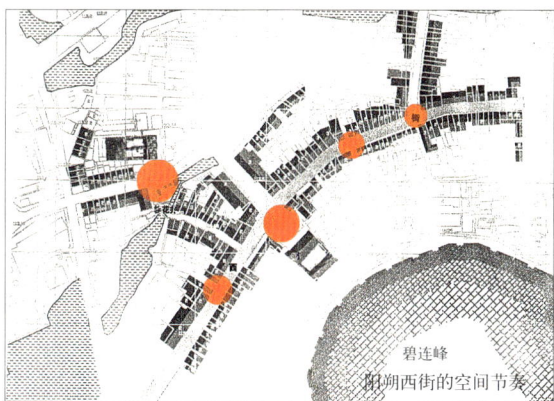

图4-89　阳朔西街空间结构

第四节　聚落网络

一、聚落内部网络

(一)聚落网络的基本要素

聚落网络通常有两个层次:一是指聚落内部各类功能空间的相互组织关系;二是区域层面上

聚落的分布特征。广西传统民居研究涉及的聚落主要是村寨、古镇和历史街区。由于历史街区的数目不多,通常规模不大,结构也相对简单。因此本节主要对村镇层面的聚落网络体系进行分析。

网络的基本要素包括了节点、节点间的连线以及连线围合的网格单元(图4-90)。前面各节的意象分析也提及节点、路径、区域等要素,但其侧重于聚落在景观上的可识别性,而这里强调聚落内部各要素的功能关系,这是二者区别之根本所在。

节点:节点是观察者和步行者进出、经过的集中焦点,包括交叉口、交通转换处、建筑形态的变换点等,它们因某种功能或建筑特征的集聚或浓缩而具有重要性。在村镇,常以道路交叉口、大树、广场(晒场)、祠堂、戏台、庙宇、寺观、门楼、亭台等作为节点。

连线:村镇聚落的连线包括道路、桥梁与河道,它是聚落内的居民为满足各种外部功能需求而设立的通道。为简单起见,本节论及的连线只涉及道路。村镇聚落的道路网络形式多样,它的形成除了受功能、聚落规模、微地貌的影响外,还受到营建习惯、礼制等方面的影响。

网格单元:聚落内部的网格单元是连线的围合区域,主要是由民居建筑作为填充。

以上关于节点、连线和网格单元的划分是相对的,以桥梁为例,大部分的桥梁作为道路延伸的部分,并不具备很强的节点功能,然而侗族的风雨桥则具有很强的节点性,它是侗寨公众集聚的重要场所。

(二)聚落网络分析

不同聚落有不同的网络形态与结构。广西不同地域和不同民族的聚落的内部网络是不同的,主要反映在节点的数目、节点类型、道路连接性等方面的差异。通常而言,桂东汉族地区的聚落内部网络要比桂西和桂北地区复杂。

1. 桂西大石山区壮族村寨

位于桂西大石山区的壮族村寨规模通常不

大，聚落网络比较简单。聚落的中心通常是村口广场，道路也是四通八达，没有严格的网络形状，各家各户很容易就可达到广场进行歌舞、聊天等活动。

吞力屯（图4-91）：那坡县的吞力屯规模很小，沿着进村道路很快就可以发现三个比较突出的节点：一是村口广场，是村内的旧活动中心；二是村内新建的小学校；三是在旅游开发后新建的游客接待中心和中心广场。道路从中心歌舞广场向各家各户发散，呈辐射状。

达文屯（图4-92）：达文屯同样是那坡县的一个小村寨，由于没有进行旅游开发，它的村寨网络更能代表桂西大石山区壮族村寨的传统特征。从村口的广场通过一条纵向道路就可进入屯内的各家各户，形成简单的树枝状路网。整个村寨没有大型的公共建筑，因此没有突出的节点。

总的来说，桂西大石山区的村寨的网络比较简单：中心单一，路径较短，单元较小。

2．桂北山区壮族和瑶族村寨

桂北龙胜县和平乡龙脊山区的壮族与瑶族村寨，多布局在半山腰上。道路网络以纵向道路为主干，深入寨内，再以台阶或横向道路连通各家各户。

图4-91　那坡县吞力屯的网络要素及组合

图4-92　那坡县达文屯的网络要素及其组合

金竹壮寨：金竹寨规模较小（约300人），一条纵向道路伸入村寨，而形成简单的树枝状道路网络。村寨内虽然有很多道路交叉口，但由于地形条件差，其节点作用很单一，只有转换方向和改变路径的基本功能。而一个村寨的公共交往空间通常是必不可少的，金竹寨尽管坡陡地不平，村民还是开辟了一处公共空间——凉台和广场，在挖填仍然不能满足空间需求之后，他们还向外争取空间，修筑了凉台，同时也起到遮风挡雨的功能。这样开辟出来的节点空间，在山区显得弥足珍贵。与金竹寨网络结构类似的村寨还有大寨（瑶族，人口约300人）等。

平安寨：平安寨壮寨由于规模较大（约600人），一条纵向道路不能便捷地解决交通问题，因此通常形成新的纵向干道及其横向分支，形成了复杂的交织网状结构（图4-93）。平安寨的网络节点在半山的街市与平安小学。街市销售猪肉、小百货等，是一个小型的商业节点；平安小学有

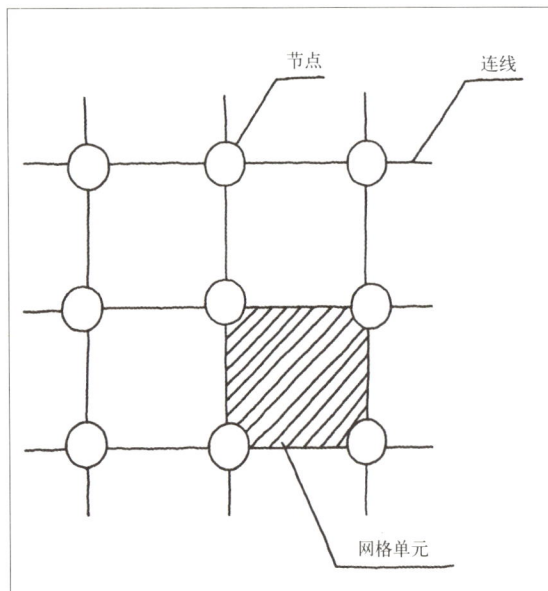

图4-90　网络基本要素示意图

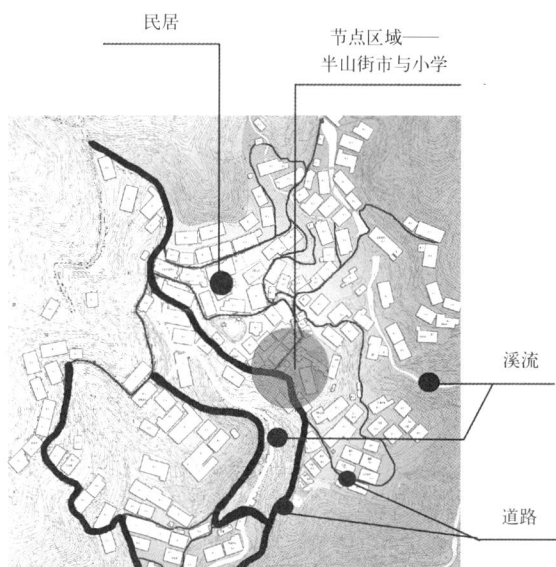

图 4-93　龙胜平安寨的网络要素组合

一个篮球场，既是学校的基本设施，也是村民文体活动的中心。与桂西的壮族相似，平安寨的社交也是以火塘为核心，村民许多活动都集中在家里，因此没有修建具有标志性的节点——大型的公共建筑。总的来看，由于受地形条件的限制，桂北山区的村寨的道路网络形态比较自由；同时由于以火塘为核心的社交习惯，村寨内缺乏大型公共建筑。但他们唱歌、跳舞、聊天等活动是很丰富的，为了满足交往需要，他们克服地形限制，通过挖坡、垒台、建凉台等方法开辟出村寨的节点，从而形成比较完整的聚落网络体系。

3. 桂北侗族村寨

同样处在桂北的三江县侗族村寨，聚落网络的中心就比较突出，以程阳八寨最为典型。如马安寨，其聚落网络中的节点就主要包括了位于村寨中心的戏台、鼓楼和鼓楼广场，以及位于村寨旁的两座风雨桥——永济桥和合龙桥。这些节点的功能是丰富的，如村寨集会、晚上聊天多在鼓楼进行；举行节庆活动，如跳舞、对歌就在戏台和广场进行；平时劳作间歇就在附近的风雨桥进行小憩，平日闲时赛芦笙、聊天等也在风雨桥进行。这些丰富的节点反映了侗族突出的外聚社交特征。另外，鼓楼是侗寨族姓的标志，在同一寨中每一个族姓都有一座鼓楼、戏台等公建，因此

就形成了单鼓楼、单核心的聚落网络体系和多鼓楼、多核心的聚落网络体系（图 4-94），如高定寨就有 7 个鼓楼，它们是寨内 7 个不同族姓居民所构成的子网络的核心（图 4-95）。程阳八个寨的骨架路网都以鼓楼和戏台所围合的广场为中心，向外辐射。而民居之间的道路，通常是“先有房，后有路”，户与户之间通过屋檐下紧贴墙壁宅间道路相互连接，构成了蛛网式的道路网络结构，如马安寨的道路网络（图 4-96）。程阳八寨的水体网络也是其聚落网络的重要组成部分。构成侗寨水体网络的要素有寨旁的河流、寨内的水塘、水井、沟渠，以及河流里的水坝、水车等。这些水源和设施的有机组合，使得村民的生产和生活用水可以得到充分的满足，还形成了村寨内优美的水环境（图 4-97、图 4-98）。

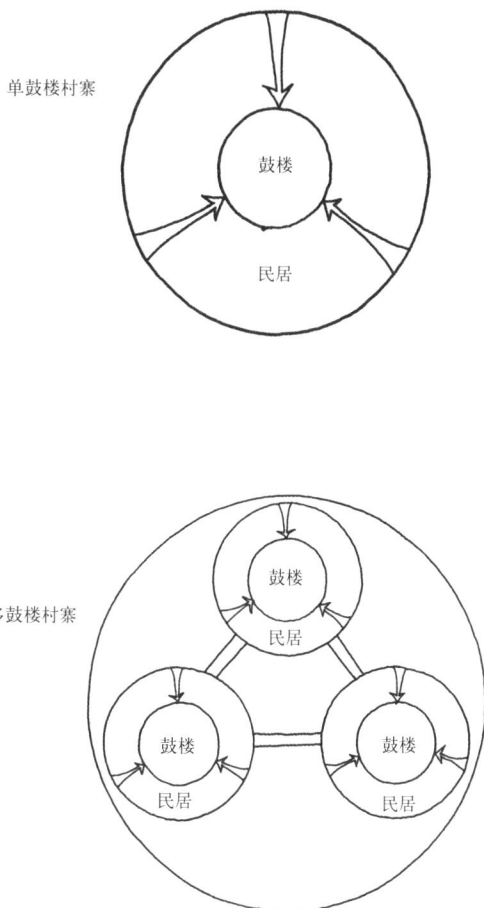

图 4-94　侗族村寨单鼓楼聚落与多鼓楼聚落的内部关系示意图

图4-95　三江高定寨

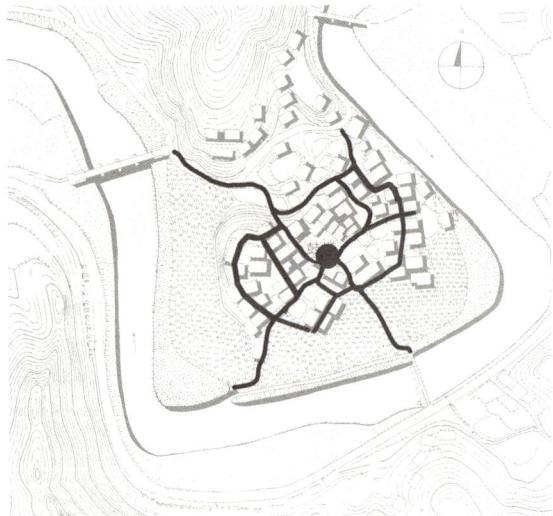

图4-96　三江马安寨的道路网络图

4．桂东汉族聚落

在桂东的汉族地区，聚落网络构成也很丰富。其节点往往由祠堂、寺观庙社、戏台、门楼、亭台楼阁等构成，但祠堂往往是聚落的核心。有单祠堂、单核心的聚落，也有多祠堂、多中心的聚落；有以同宗族但不同房系的多个祠堂构成的多核心网络体系（图4-99、图4-100），如秀水村的四个毛家祠堂的关系，也有以不同宗族的祠堂构成的多核心网络体系，如黄姚古镇内有古氏宗祠，莫氏宗祠、吴氏宗祠等多家宗祠，各宗祠之间的关系是平行的。祠堂是聚落的精神核心，对聚落网络的形态与结构有着重要的统率作用。

从网络连线上看：有的聚落为方便聚落内部连接和追求防御安全，巷道多且迂回曲折，如黄姚古镇的道路网络就比较复杂，长约500m的主街就衍生出数十条街巷，方便了街道与河道的交通连接，但内部街巷自由弯曲；有的聚落按照传统礼制，中轴对称特征明显，如贺州的客家围屋和兴安县水源头村，平面布局方正、均匀有序。

从网格单元上看，由于讲究风水，同时由于处于平坦开阔之地，桂东很多汉族聚落的民居建筑排列井然有序，几个院落相连，网格单元往往比较大。下面将以富川瑶族自治县的秀水村为例，分析汉族村寨的内部网络体系（图4-101）。

秀水村地处贺州市西北部，距富川县城30km，它建于唐开元年间，立村建寨距今已有1300多年的历史。秀水村的节点空间很多，包括体量不一的各类公共建筑，如祠堂、戏台、门楼、状元楼、仙娘庙，还有众多的广场等。由于秀水

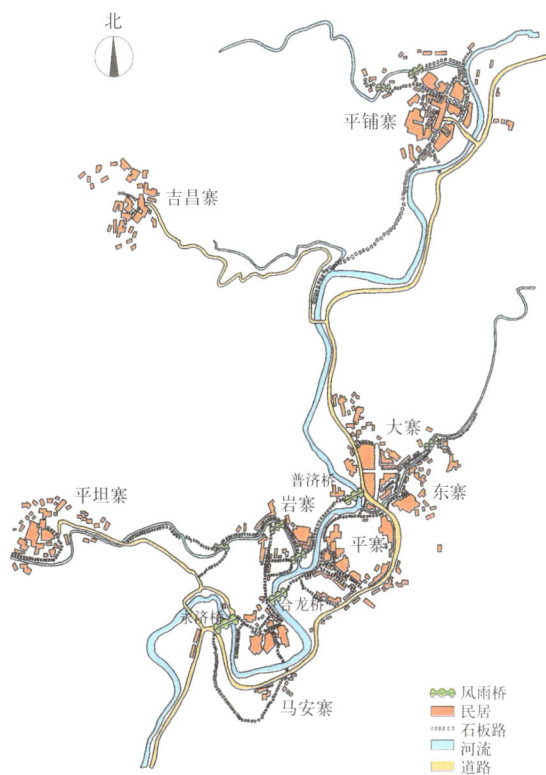

图4-97　三江程阳八寨平面图

图4-98　三江程阳八寨

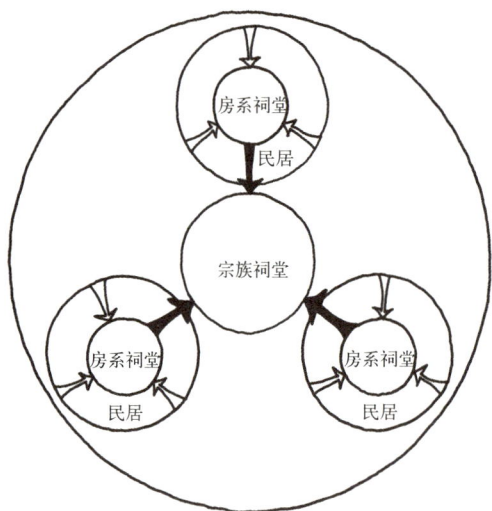

图 4-99　聚落内部宗族祠堂与房系祠堂的关系图

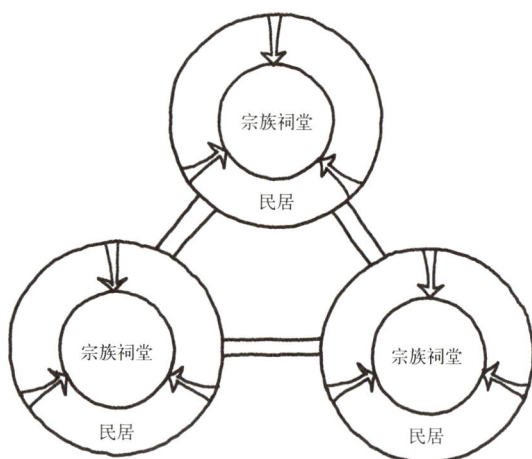

图 4-100　聚落内部不同宗族祠堂之间的关系图

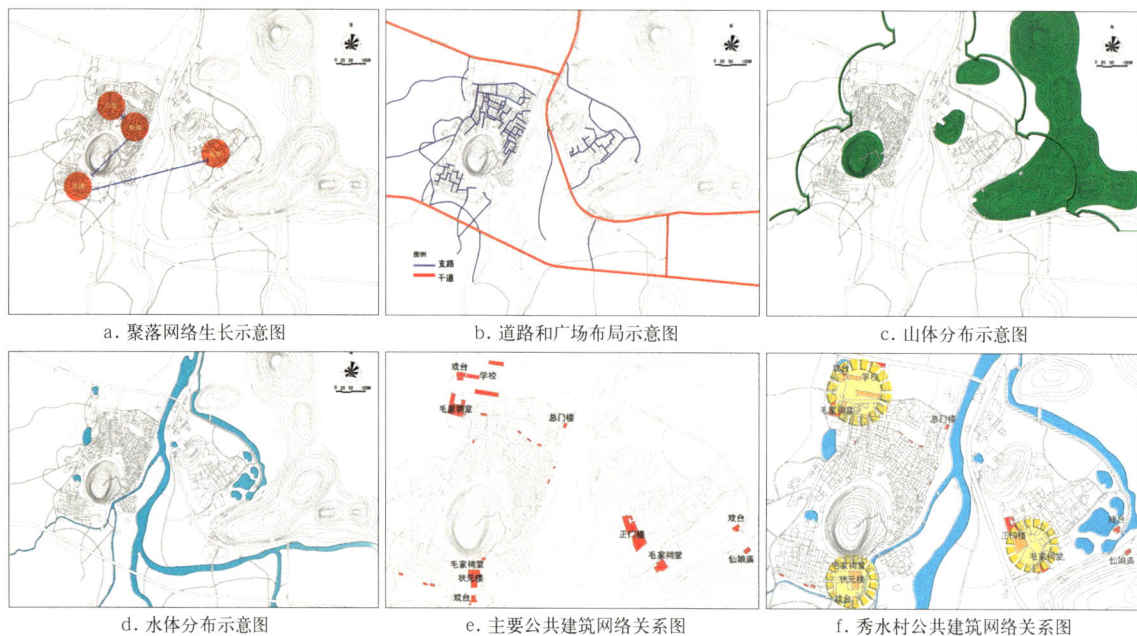

a.聚落网络生长示意图　　b.道路和广场布局示意图　　c.山体分布示意图

d.水体分布示意图　　e.主要公共建筑网络关系图　　f.秀水村公共建筑网络关系图

图 4-101　秀水村各种空间网络

村是由八房、安福、水楼和石余等四个组团组成，他们是同一宗族的不同房系，因此在每一个村内都有祠堂、戏台和门楼。但八房村的毛家祠堂为最早的祠堂，为宗族祠堂（总祠），其他三村的毛家祠堂为房系祠堂（支祠），它们仍然以八房的祠堂为中心（图 4-102）。这些由祠堂与戏台组成的节点区域相对独立，有自己的影响范围；而这些相对独立的网络又是相互联结的，共同构成了整个秀水村的精神网络空间。另外，秀水村内的门楼众多，门楼既是出入口，也是附近村民

休息聊天的场所，门楼与门楼之间通过道路相连，形成了小范围聚会空间网络。秀水村的这种相对均匀，相对独立的公共建筑体系，反映了聚落网络内部的自组织性，它使得居民在小尺度范围内就可以进行基本的交往活动。

从网络的连接性来看，道路是秀水村内人流、物流的通道，联系着各家各户以及祠堂、戏台和门楼等公共建筑，是村内各项功能得以连通及延伸的基础。从道路空间上看，广场是开放的空间节点，它与民居之间狭窄的、弯曲的巷道形成鲜

图4-102 富川秀水村

明的对比，而这种或开或闭的对比在整个网络当中反复出现，富有节奏感，空间层次丰富。秀水村的聚落网络中除了有广场、公共建筑等大型的节点以外，村内道路交叉口也很多，间距也小，使得整个聚落尽管规模很大（建成区面积接近1.5km²，共550多户，2000多人），但内部网络具有很强的联结性——网格单元里的居民出行可以选择多条路径，能便捷地与其他民居单元相连接。

从聚落的网络演变来看，聚落人口的增长导致了聚落规模的扩大——住房增多、道路延伸、公共建筑增加。而聚落的扩张往往首先反映在居住建筑的增加上，每新建一座房子，都会带来整个聚落网络的扩张——如有些本来是聚落外部的道路成为了内部道路，有些没有道路的地方需要开辟新的道路，进而形成新的广场、门楼，甚至在宗族人口发展到一定程度，会形成新的祠堂等等。聚落网络的延伸不是无序的，它遵循原有的网络生长规律，如分布于原来道路网络的延伸线旁，与原有民居建筑组群相连，从而保证网络的

联结性与生长性的统一。秀水村最开始只有八房这个组团，后来相继衍生出安福、水楼、石余3个组团，从而形成了规模更大的聚落网络体系。

秀水村内的聚落网络除了由人工建（构）筑物组成以外，河流、山体、绿树等自然要素也是聚落网络的重要组成部分。秀水村的水体有秀水河及其支流——鸟源河、黄沙河，以及众多的水塘和水井。这些渗入聚落内部的水体既是村寨的生命之源，同时它们也与古树等绿色要素共同构成了村寨景观的主体。在秀水村，戏台与水体是相邻的，这个鲜明的布局特色说明了村民善于借用自然景观来营造人文景观。另外，由于村寨规模较大，秀水村内还包括了几座山峰，尽管在道路网络当中山峰是其延伸的障碍，但从视野上，它却是统领全村的标志。

秀水村的网络节点众多，分布均匀，道路四通八达，功能节点之间和谐地交织与互补，形成了功能齐全、布局合理、景观优美、和谐发展的人居环境空间。

二、区域层面的聚落网络

聚落的发展不是封闭的，它需要与外部环境进行物质和能量交换，与其他聚落有着各种各样的联系。区域层面的聚落网络研究的是聚落体系的整体结构及其演变，主要分析宏观因素对聚落空间结构形态的影响及其表现出的地域差异和共性。

（一）聚落网络的结构

1. 分布概况

广西的乡村聚落总体分布特征为东密西疏，这反映了广西各地的自然条件差异，广西的地势是西高东低。桂西山地多，山体高大，坡陡土薄，其间有广泛分布岩溶地貌，地面崎岖，交通不便，土少石多，易旱易涝，土地适宜性差，土地综合利用率不到70%；桂东多为低山丘陵和盆地、平原，水利条件好，土地肥沃，交通方便，精耕细作，土地生产率高，土地综合利用率达到90%以上。这是导致以自然经济为基础的乡村聚落分布差异的根本原因。

此外，造成广西乡村聚落的地域分布差异还有社会经济方面的原因。比如，桂林由于是广西历史上的政治、经济和文化中心，因此这里的聚落自古以来就比较密集，广西很多知名的传统村寨与古镇也分布在桂林附近（图4-103）。另外，由于历史上广西的商业主要是通过西江水运与广东联系，因此西江两岸也是广西传统聚落的密集分布带。

2. 等级与功能结构

村镇聚落的等级与功能结构是等级与功能不同的村、镇按照一定联系构成的组织形式。具体反映在功能的等级体系和各聚落的功能组合上。

由于各个村寨优先与最便利的中心城镇发生联系和密切经济往来，使乡村居民的社会交流、经济活动、文化习俗囿于一定范围，形成固定的地域联系模式，若干个村寨与一个中心城镇结合构成相对稳定的聚落空间群落，成为地区聚落空间系统组织的基础。乡村聚落各个市场等级（中心集镇、一般集镇、中心村、自然村）之间的联

系状况反映着其职能差异（图4-104）。

在村寨与集镇的关系中，除了商品与服务上的辐射外，还有其他的社会功能关系。作为基层市场，集镇满足了农民家庭所有正常的贸易需求，既是农产品和手工业品向上流动进入市场体系中较高范围的起点，也是供农民消费的输入品向下流动的终点。同时，集镇又是沟通农民与地方上层交往的核心。

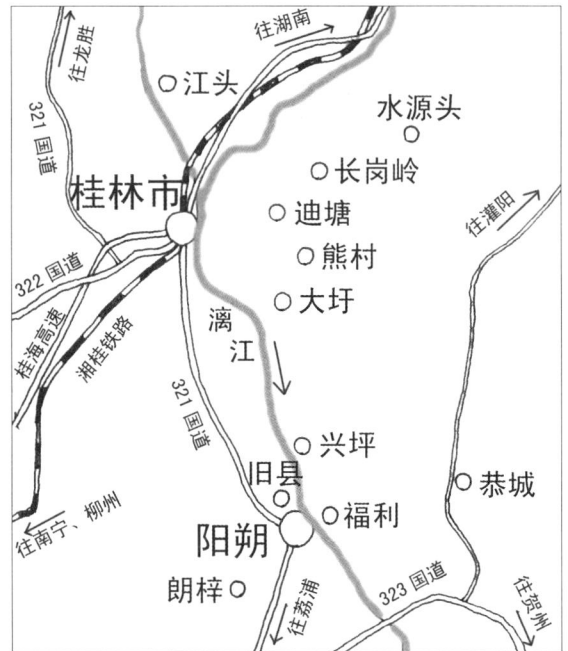

图4-103　桂林是历史上广西的政治经济和文化中心，其周边有众多保存完好的传统村寨与古镇

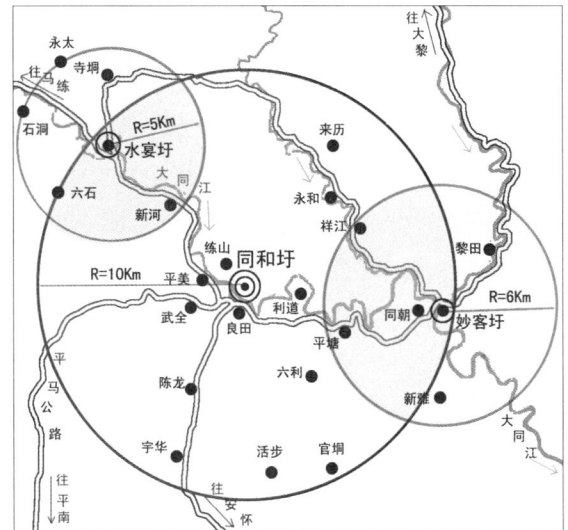

图4-104　平南县同和圩的中心地体系及市场范围示意图

（二）聚落网络的联系

1. 社会联系

传统村寨之间的社会联系通常是基于自然经济条件下的血缘、地缘联系和商品经济条件下的业缘联系。

血缘关系网络。血缘关系既是本家族内部各个村寨之间联系的根本纽带，又是不同家族村寨之间通过通婚而形成密切关系的纽带。如龙脊的红瑶村寨"细胞分裂"式所派生出来的新村寨之间就是一种血缘联系。

地缘关系网络。地缘关系是基于地理距离的村寨之间的相互联系。紧邻在一起的村寨之间，通常会有更多的联系或者矛盾，如果村寨之间风俗相同或相近，语言相通，融洽相处，那么，村寨之间的网络联系也是紧密而和谐的；如果村寨之间由于土地和水等资源的竞争，那么村寨之间联系是松散的。

业缘关系网络。业缘关系是在商品经济上的相互关系，通常情况下，由于村寨与村寨之间的生产条件和生产品种类似，因此内部之间的商品交往是较少的，但是，村寨与附近城镇之间进行产品交换是比较频繁的。因此，业缘关系是构成村寨与集镇之间主要的网络关系。

2. 空间联系

聚落网络的空间联系是其社会经济联系在地域空间上的反映。体现在村寨之间的联系路径与网络形态上。聚落之间的空间联系路径主要有道路、河流、桥梁等（图 4-105～图 4-108）。

通常在桂东南平原地区，村寨密度比较大的村寨群体，村与村之间的联系道路成网络状，通达性强，如富川县秀水村周围的聚落之间的交通网络。

在桂北河谷地区，道路与村寨形成沿河串联状的布局关系，如程阳八寨的道路联系方式。

在桂西大石山区比较普遍的还有散点式的联系。这些地区道路等级低，不少村寨没有开通公路，村与村、村寨与外界之间的联系很薄弱。这些村寨的生活方式、民居形式等都少有改变。

（三）乡村聚落网络的演变

1. 自然经济因素的影响

乡村聚落的形成与发展过程是一段漫长的自发演变的过程，这个过程既无明确的起点，也没有明确的终结，一直处于发展变化的动态过程之中。传统村寨不断分化、衍生，呈现出"细胞分裂"式的有机生长的趋势，这种趋势主要是由土地的制约和家族的发展这两个因素共同推动的。

图 4-105　富川秀水村周边聚落的网络状空间联系图

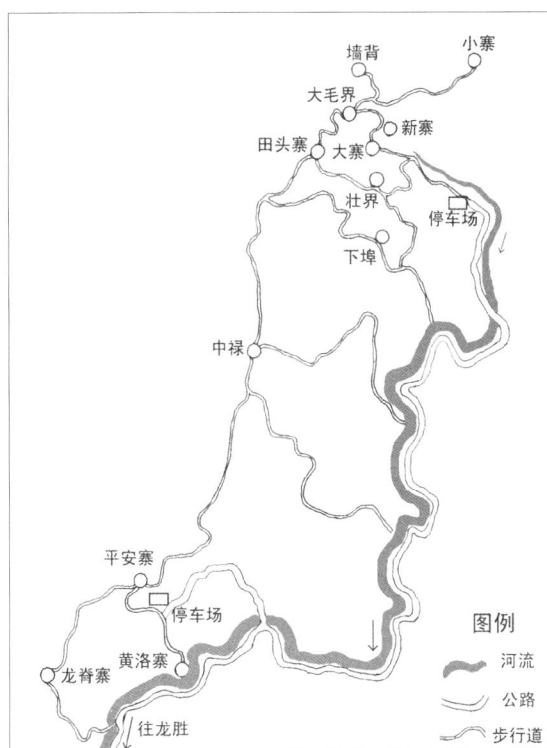

图 4-106　龙胜龙脊十三寨树枝状的聚落空间联系图

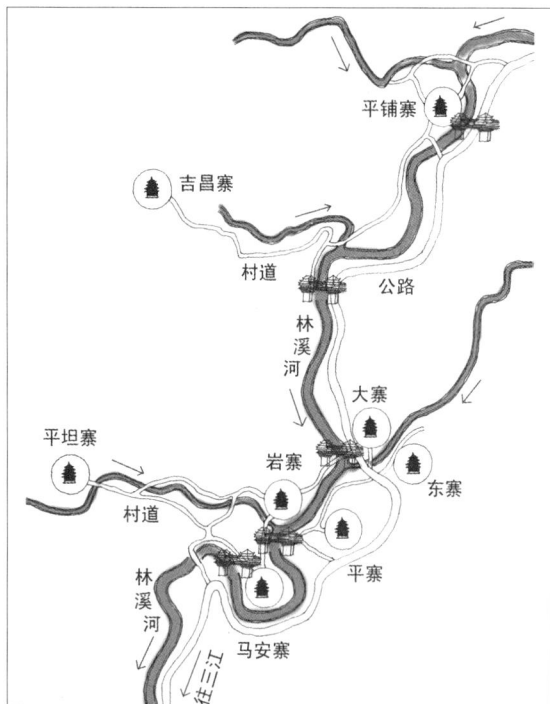

图 4-107 三江程
阳八寨的沿河串联
式聚落空间联系图

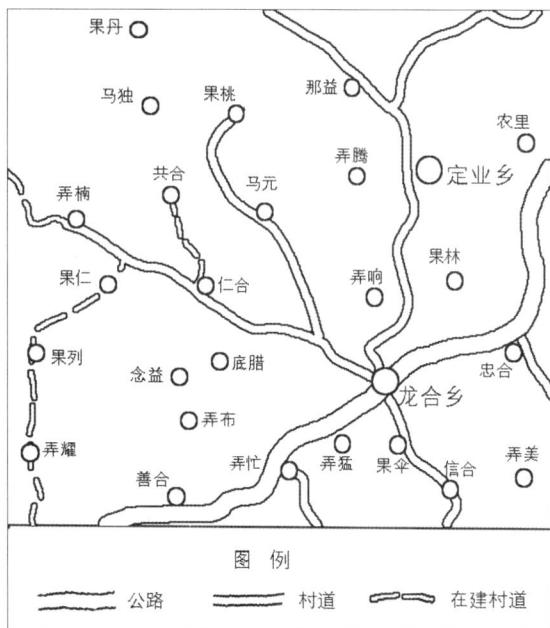

图 4-108 那坡县
大石山区散点式的
聚落空间联系图

块土地上或一个村中包容全部家族的模式已无法
满足发展与防卫的需要，村寨必须不断扩展、分
化、衍生，就像细胞的分裂不断形成新的村寨。
当然，由于"父母在不远游"，"兄弟析姻亦不远，
祖宗庐墓永以为依"等宗族思想的根深蒂固，即
使是分裂的家族依然与原栖息生长的地方保持着
十分密切的关系，由此而导致聚落中新旧村寨的
有机联系（图 4-109）。如龙胜县龙脊的红瑶聚落
就是这种分化、衍生模式的典型。

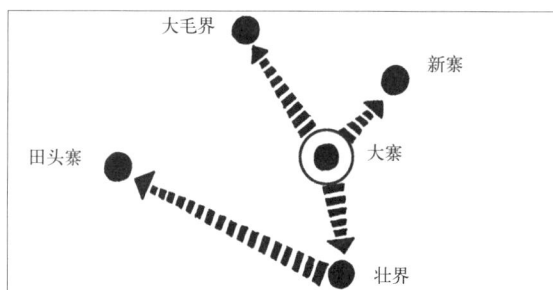

图 4-109   龙胜大寨的衍生轨迹示意图

2. 商品经济因素的影响

随着商品经济的发展，村镇聚落网络的发展
也有了新的特点，主要是向集镇、公路边进行集
聚——有些村民直接进入集镇，引起集镇规模的
扩大；有些村寨进行较大规模的搬迁，向靠近道
路、靠近集镇的地域集聚，形成新的聚落。

交通原则下，聚落靠近公路搬迁：在以水运
为主要交通方式的时候，聚落主要沿河分布。在
公路发展起来后，更多的聚落向公路边集聚，形
成新的聚落网络体系——由沿河轴线网络转变为
公路轴线网络（图 4-110）。由于道路交叉口处
的区位条件一般较好，附近的村民又会搬迁到这
里开店铺，逐渐形成新的聚落（图 4-111）

市场原则下，聚落靠近集镇搬迁：除了村民
直接进入集镇以外，还有一些接近集市的村寨，
不少村民在建新房的时候多向靠近市场的地方重
新选址，而形成新的聚落（图 4-112）。如在 20
世纪 90 年代初，平南同和镇的都方村有一半的
住户从山下搬迁到 500m 外半山腰上柴坪，尽管
柴坪距离耕作中心更远，取水不方便，但它靠近
同和圩，方便他们到集市上进行贸易。这更说明

经济因素——土地的制约。在广西，广种薄
收的小农经济一直是民族村寨的主导经济，因而
土地的制约作用极为明显。当村寨发展到一定规
模，由于受到土地或其他自然因素的限制，就不
得不另寻新址，从而使原来的村寨一分为二。这
种村寨的发展与自然界的生物衍生极为相似。

社会因素——家族的发展。由于大家族的世
代繁衍，其聚居规模不断扩大，村寨亦随着家族
的兴旺越来越庞大，人口呈几何级数增长，在一

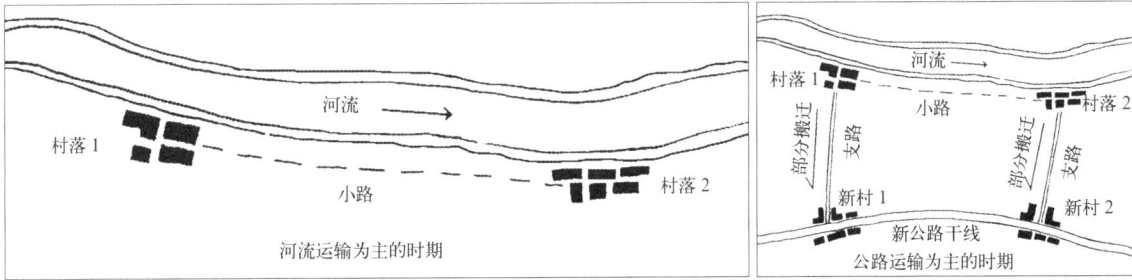

图 4-110 公路替代水路成为运输的主要通道的聚落网络演变示意图

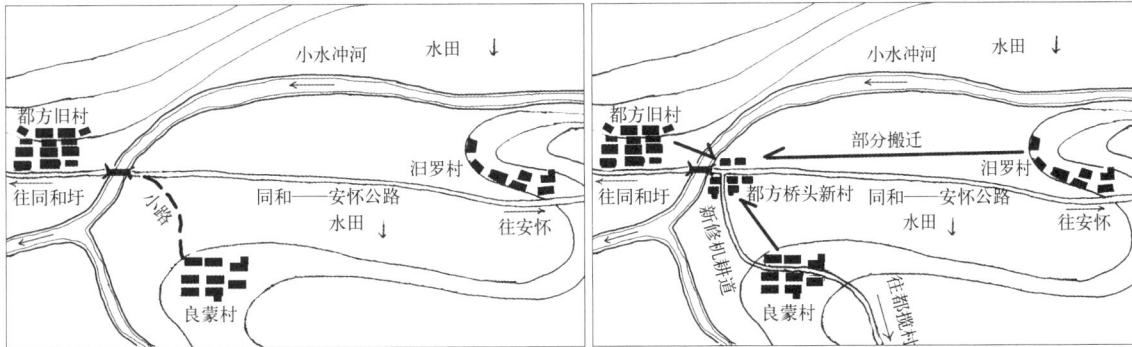

图 4-111 新的道路交叉口与平南县同和镇都方桥头新居民点形成示意图

了在商品经济背景下，市场引力逐渐取代自然条件限制而成为聚落网络演变的主要因素。

行政原则下，聚落向密实化搬迁：由于土地资源和生态环境容量的有限性，自然经济条件下的村寨衍生模式受到多种阻碍，分散式的聚落衍生的生态代价越来越大——土地的过度开垦、森林的严重破坏，导致水土流失的加剧。这种衍生模式已经开始受到政府的干预，一些地方政府已经开始在区位条件较好的地方修建集村，鼓励散村散户的农民进行生态移民，进行集中化、精细化的耕作，随着这种模式的推行，将使得原来分散的网络密实化（图4-113）。

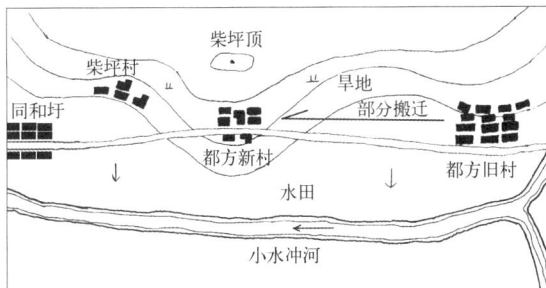

图 4-112 平南县同和镇都方村向集镇靠近，形成都方新村的搬迁示意图

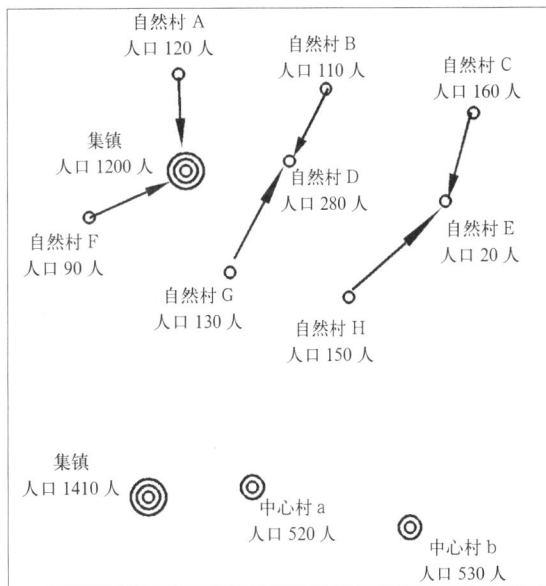

图 4-113 中心村集聚与聚落网络演变示意图

注释：

[1]关于民族迁徙的论述，参见李秋洪著，《广西民族交往心理》，广西人民出版社，1996.[6]千家驹等.广西经济概况.第三章，上海商务印书馆，1936年.

[2][3][4][5][6]凯文·林奇，城市意象，北京：华夏出版社，2001，p34～p36.

[7]宋会要辑稿·食货.卷十七."商税".

[8]王象之.舆地纪胜.卷一百六、一百九、一百一十.

[9]钟文典.广西近代圩镇研究.P371.桂林：广西师范大学出版社，1998.

[10]千家驹等.广西经济概况.P17.商务印书馆，1936.

第五章　广西民居的保护与传承

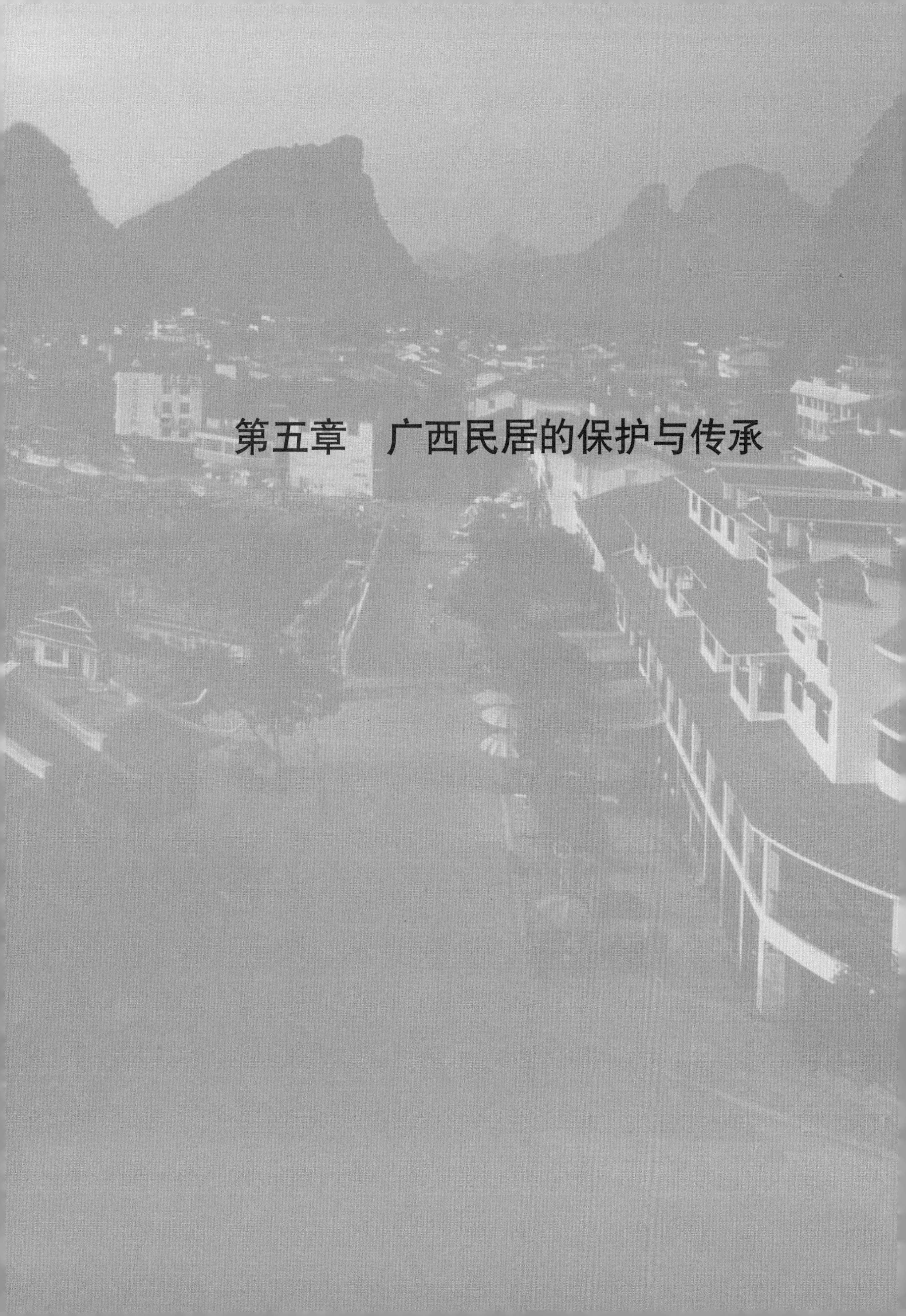

第一节 保护与利用

一、整垛寨干栏式木楼改建规划设计

在桂北融水苗族自治县的苗族村寨，民居以干栏木楼为主，但随着社会的发展和经济水平的提高，这些木楼的很多弱点逐渐暴露出来，如防火性能差、采光条件差、环境卫生差、耗用木材量大等等。广大村民也迫切要求改造旧木楼，试图摆脱"全身是木"的居住模式。但木楼改造又面临诸多问题，如：如何保留和延续民族地区优秀的原生文化，如何保留苗寨传统的聚落特征，

在设计、建造过程中又如何引进群策群力的公众参与机制，使设计方案具有可适应性和普及性，等等。基于此，1990年融水县人民政府将整垛寨作为试点，对传统苗族村寨及干栏民居进行了研究及规划设计（图5-1）。

1.村寨规划

整垛寨改建尊重村寨传统的格局，在不改变村寨地形地貌和田地分布的基础上，充分吸收村民的意愿，就地改建。整个规划重视传统民族民居文化的保留，同时不忽略便利的交通规划和合理的功能组织（图5-2）。

（1）传统民族民居文化的保留

图5-1　改建后的整垛寨全貌

从公共空间布局上看，由寨门进入村寨的第一个重要公共空间便是村寨的中心广场，是全寨的集聚中心。自然形成一块梯形场地，为村民们晒谷、聊天的地方。中部设置圆形的芦笙坪，强调了主题，使空间丰富、有趣。四周住宅顺应等高线布局，遵循传统模式均朝向中心及芦笙坪。保留了芦笙柱、井亭等公共建筑，再现了苗族的传统特色，丰富聚落的空间形态。芦笙柱一侧埋岩，记叙乡规民约，它作为少数民族一种传统文化的历史遗存，表达了苗家的风俗与习惯。从民居院落布局上看，调整各住屋之间的关系，使院落连通，尽可能节约用地，将改建后剩余的空地形成宅边地进行绿化，改善聚落环境。

（2）村寨道路规划

由于原有村寨道路受损严重，规划道路均参照村民的习惯重新铺设。路网系统从寨门开始，进入中心广场后向四周辐射。通向住宅的小路可铺设石板路，经济、耐用。

（3）合理的功能组织

全寨以芦笙坪、晒谷场为中心向四周延伸，联系各个组团。西侧有三块水田成为视觉的过渡，周围的住宅坐西向东朝向全寨的中心，相互呼应、浑然一体。东侧小学场地较平整，设置一个篮球场，供学生及村民们活动使用。在学校与公路连

图 5-2　整垛寨改建规划总平面图

接处留有空地,作为停车场备用场地。各个组团之间留有相应的空地,单栋住宅的一侧,由村民们自建猪栏、牛栏、厕所等辅助设施。

2．单体住宅设计

通过细致的调查研究,科研小组首先将建筑材料确定为水泥空心砖墙体、钢筋混凝土楼板,先后设计了12种住宅单体方案,最终经过征求村民意见,结合村民的经济能力,将改建住宅确定为80m²、100m²和120m²三种户型和住宅设计方案(图5-3)。全村统一规划实施,就地改建。单体住宅设计的特色是:

1号设计方案

2号设计方案

3号设计方案

图5-3　整垛寨村民自建房屋设计方案立面示意图

(1)平面构成上采取小室多间模式

根据改建户的生活习惯和村民的实际情况,如人口多、居住成员各有生活要求、人员流动大等因素,改建户一般要求在一定的改建面积内有较多的机动房间。因而,改建方案均尽可能多地划分房间,其中,厅堂平均约14m²,居室平均约10m²,基本满足了改建户的要求。

(2)平面组织富有弹性和可生长性

由于村民建设投资有限,对想盖的房子意向性很强。每个单体住宅的面积及组合方式仍需结合村民自身愿望加以调整,这是设计、施工、用户参与相结合的一种新尝试,以满足村民改建面积的需要。基本平面可根据改建户的投资情况增减房间,调整面积。这样,在三个基本方案中均可以演变出多种方案,住户可根据自身需要,在一定的改建面积内对房间的数量、大小、布局方式进行选择;同时,还为日后扩建提供了可能。村民在统一规划的前提下,可在住宅一侧自行增建附属建筑,增加晒台面积等等。

(3)传统元素的现代处理

三种住宅方案根据实际所需的面积,体形上各有不同,但在入口处相对一致的处理可以使住宅形成一个统一形象和尺度,使整个村寨在变化中求得统一,统一中寓有变化。入口紧临半室外楼梯,楼梯顶部设有披檐,既满足遮风避雨的功能需要,又丰富了建筑造型。楼梯与外部空间相隔一片灰色石墙,上面可雕饰具有民族特色的符号;墙体的存在强调了半室外楼梯的归属感,增强了住户的私密性。阳台是入口、灰墙、楼梯等要素的衔接,形成过渡空间。阳台栏杆上部处理成30cm高的木栏杆,下部为70cm高的实墙体,厚重的处理在建筑体量上起到均衡的作用,同时强调入口的存在。

(4)屋顶的重新组合

在整垛寨改建方案中,吸取传统干栏式木楼坡屋顶的简洁、朴实、灵活的特点,努力在传统形式的基础上,赋予其新的内容。改建后房屋较原有113楼体积小,因而屋顶处理主要以双坡顶为主，强调整体感。利用半室外楼梯顶部的披檐叠落，形成线面结合、重叠对比的艺术效果，营造与自然相呼应、相协调的建筑"第五立面"。

改建后的新楼采光、通风良好，保温隔热，卫生整洁，符合了村民改善生活的需要（图5-4）。

改建前的传统干栏民居

改建后的现代干栏民居

图 5-4　整垛寨民居改建前后对比

3．实施方式

（1）资金解决

资金的落实是改建的基本条件。整垛寨的改建资金主要通过四个方面解决：①充分利用旧料。民房改建公司以 150～300 元 /m³ 这一相对合理的价格从改建户手中收购旧木楼拆下的旧木料。仅此一项便可使三分之二以上的用户解决一半以上的建筑费用。②就地取材，就地制砖。改建一户民房约需 2000 多块砖砌块，在造价中占有极高的比例。改建户就地采取砂石，烧制砖块，这样可以大大节约建房费用。③村民出工，折合资金。青壮年村民多作为施工备料的劳力，并可参加部分施工制砖工作。以上几项措施使改建实际造价从原来预算的 110 元 /m² 降到 60 元 /m²。④资金返回修建公共建筑及设施。融水民房改建公司不仅以出厂价供应水泥和钢筋，还把部分利润返回，用于村里的公共设施（如寨门、芦笙坪、防洪沟等）改建，也补贴小学、村公所的建设。

（2）群众参与

住宅是村民生活最密切相关的内容，住宅的设计也要受居住者的居住习惯、爱好所影响。改建户对"家"有着自己独特而完整的理解，这就使改建户有效地参与设计成为可能。群众的直接参与将会使真正符合居住者意愿的住宅得以产生。群众参与主要体现在两个阶段：首先是设计前期进行广泛的改建调查和征求改建意见，由此确定出改建设计方案；再有即建设阶段，群众可直接参与到住宅施工过程中去，以此降低造价。

4．项目评价与启示

对于少数民族地区的干栏建筑，一方面，有些专家学者从历史文化价值方面出发，希望能尽可能对它们进行保存和保护；而另一方面，由于干栏木楼人畜混居很不卫生，集中连片而不利于防火，更新频率大而需要大量木材，已越来越为向往现代生活的村民所不满。因此，传统木楼的少量保存、大量改造成为必然。但在进行传统木楼改建之前，首先要判明民居的价值，如果村寨的历史价值、艺术价值比较高，或处在旅游开发区，或具有较大的旅游开发潜力，就要妥善加以保护。

整垛寨改建的规划设计注重保留苗家习俗，如住宅朝向村寨中心，保留传统芦笙柱、芦笙坪及井亭等，从而保留了村寨空间的丰富性。由此可见，在民族村寨的改建过程中，既要注意满足村民不断增长的现代化生活需要，又要尊重传统少数民族文化和生活习俗，这一点尤为重要。

在整垛寨的改建过程中，村民通过木材变卖的方式筹集改建资金，这也为贫困地区的木楼改建提供了新途径。除了灵活筹资以外，科研组和民房公司在设计和实施过程中还认真贯彻节约的原则，科研组认为："不发达地区的农民，满足基本的生活需要、生产需要和适应生产力水平，少花钱多盖房依然是其建房最主要的目标"，通过各种途径节约投入，使得设计和建设真正做到因地制宜，适合当地的经济发展水平。因此，民房改建工程不能脱开经济法则。

科研组在制订木楼改建方案时，反复征求村民的意见，给出详细的比较方案，并赋予弹性，这就克服了只有一两个方案统一推行的单调性，并设计出更符合村民需要的房子。在完成方案设计后，科研组也并没有马上撤离，而是在施工过程中不断参与配合，解决施工中出现的问题和失误，总结经验教训，使得整个改建能够更好地再现设计意图，更加符合实际需要。

二、程阳八寨保护与发展规划

程阳八寨是广西乃至全国不可多得的风貌独特的侗族村寨，别具风情的侗族民居（干栏式建筑、鼓楼、风雨桥）以及民俗文化、稻作文化、服饰文化、饮食文化、芦笙文化等，近年来吸引了大量的游客和众多的学者到此观光、游览、考察。但近年来，随着自身人口、游客的日益增加，以及居民生活方式、生活观念的现代化演进，使其正面临着前所未有的压力，诸如火灾隐患严重、生活环境恶化、基础设施缺乏等等许多问题，影响着旅游产业发展，威胁着村寨安全。

柳州市及三江县政府对此非常重视，先后于2000年、2003年委托相关单位编制了《程阳景区规划设计》、《广西三江程阳桥侗族文化风情旅游区旅游资源开发与环境保护规划》、《三江程阳八寨旅游项目开发策划方案》等多项研究与规划设计，有效地指导着程阳八寨的保护和发展，但由于种种原因，在空间上仍有很多局限和遗憾。随着社会主义新农村建设、"文化广西"建设等战略提出，如何完善村寨基础设施，保障历史文化遗产安全，改善寨民生活条件，促进旅游业的发展，从而达到寨民生活方式的合理演进，历史文化遗产的保护与永续利用，景区建设与生态环境的和谐共生，成为了规划及建筑界值得关注的问题为此，柳州市政府提出并组织编制了《程阳八寨保护与发展规划》，以期保护文化遗产，挖掘整理文化资源，改善农民人居环境和生活水平，促进地方旅游持续发展，推动社会主义新农村和"文化广西"建设，并为申报世界文化遗产积极准备。

1. 规划内容

项目规划研究范围主要为程阳8个侗族村寨，即：马鞍寨、平坦寨、岩寨、平寨、东寨、大寨、平铺寨和吉昌寨，规划研究面积约1053.88hm²（图5-5、图5-6）。程阳八寨是一个保存比较完整的古村落，其不断发展的生态原则和持续理念是值得保护并借鉴的。因此，在保护与发展规划设计中更加注重合理利用自然条件，并将人工环境与自然环境巧妙地融合，营造和谐的聚落环境。

（1）村寨选址：注重山水格局，营造生态家园

无论是程阳八寨的新村选址还是旧址布局都遵循传统风水格局，与自然环境相生相化。八寨地处山陵地带，主要分布有林溪河、区阳河等主干河流，大小山寨或建于山坡上，或建于山谷内，或依河而建，且寨子周围分布有大量农田，地形利用非常灵活，顺应自然，使村寨与山势融为一体，成为自然环境中的有机组成部分。这种"依山傍水、枕山环水、背山面水"的格局完全符合

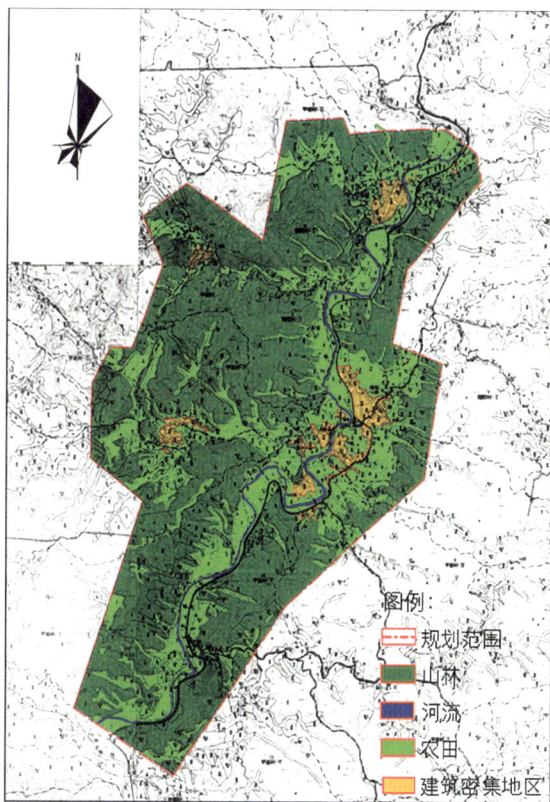

图5-5　程阳八寨保护与发展规划范围

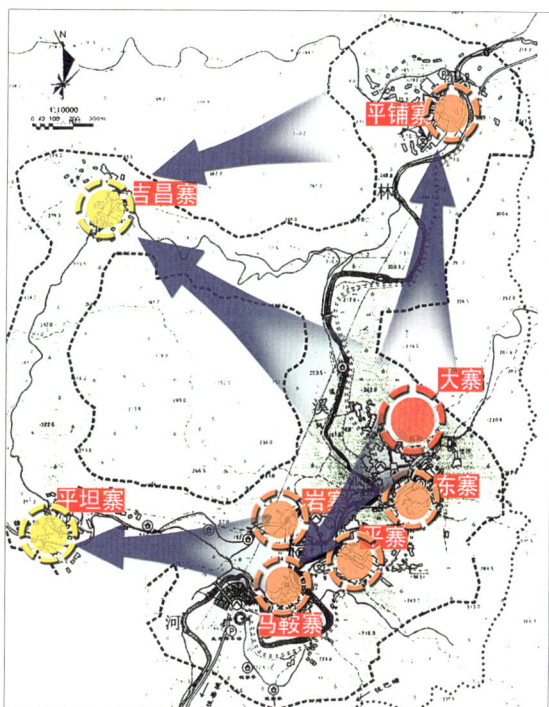

图5-6　程阳八寨发展与分布示意

风水中"负阴抱阳"的基本原则。这种相对封闭的自然空间可以使村落冬季避开强烈山风的侵扰

和寒冷潮湿气流的侵蚀，夏季吸纳临水而过的凉风，并易在农副业的多种经营下形成良好的生态循环。这种选址方式体现了充分利用自然环境，营造适宜聚居外环境的生态精神（图5-7、图5-8）。

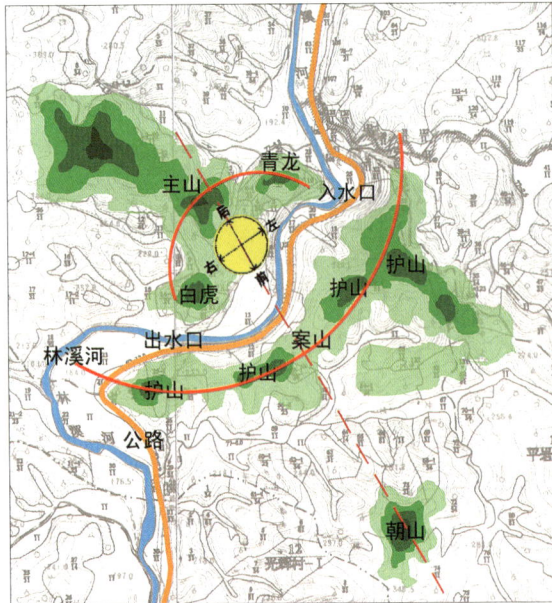

图5-7 程阳八寨传统聚落意象分析

（2）总体布局：保护整体风貌，兼顾现代生活

规划严格保护传统村落的空间布局，群体组合，结构形式，色彩、材料等；严格控制新建筑，不得随意进行改建与加建；整治电线、天线、门牌等户外乱挂现象，使之不干扰整体景观；对近年建造的砖混结构、框架结构建筑，予以改造，使其与古村落风貌协调。

在保护的前提下，适度的旅游开发是程阳八寨传统聚落复兴及社会主义新农村建设的有效手段，以保护为核心，以旅游产业发展为动力，推进传统聚落有机复兴，改善村民生活环境（图5-9、图5-10）。

（3）建筑整体整治：分类保护，有机更新

规划根据现有房屋的结构安全与外观判定，现状建筑质量可分为质量优、质量一般和质量差三个级别；根据造型和立面风格，分为协调建筑和不协调建筑；根据建筑的结构分为全木、砖木、砖混结构。根据分类对程阳八寨的建筑进行评价，并相应采取保护、修缮、改造、更新和拆除五种措施进行整治，使建筑本身既能满足现在生活的

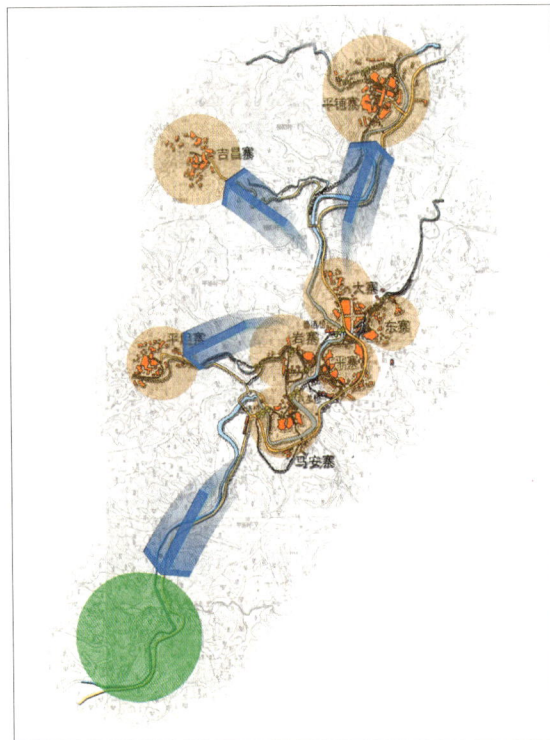

图5-8 程阳八寨新寨发展选址分析

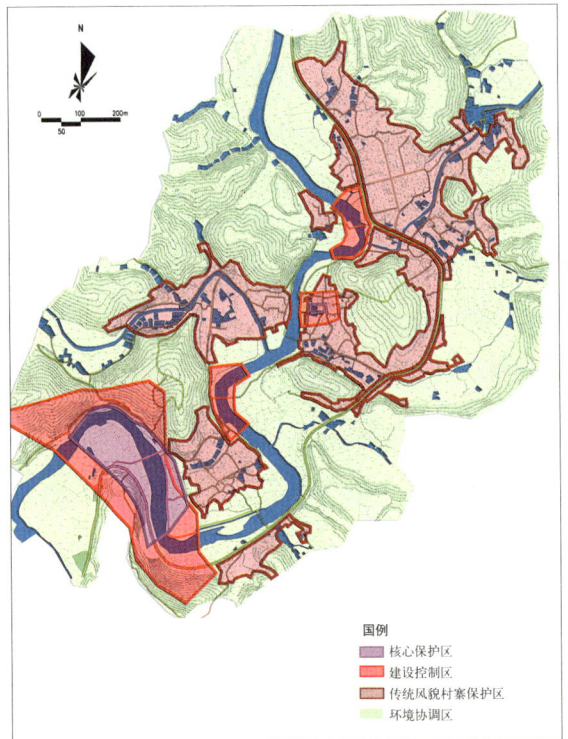

图5-9 程阳八寨保护控制规划图

图5-10　大寨戏台周边旅游发展规划设计

居住条件，又能体现民族特性，还不会破坏传统聚落的整体风貌（图5-11）。

（4）单体建筑整治：外部修旧如旧，完善内部功能

规划对程阳八寨的民居建筑进行分级保护、整治与更新。对风貌特色较典型，质量较好的历史建筑，参照文物保护单位保护要求或相关保护法规进行保护，如风雨桥、鼓楼和凉亭、寨门等标志性建筑；对于风貌和主体结构情况较好的历史建筑，原建筑结构不动，保持历史风貌，并按原有的特征进行修缮；对于建筑质量较好，但风貌较差的建筑，通过改造屋顶、调整外观材料、色彩等方式对建筑进行改造，使其与历史环境相协调；对于无法修缮的危房和与历史风貌冲突太

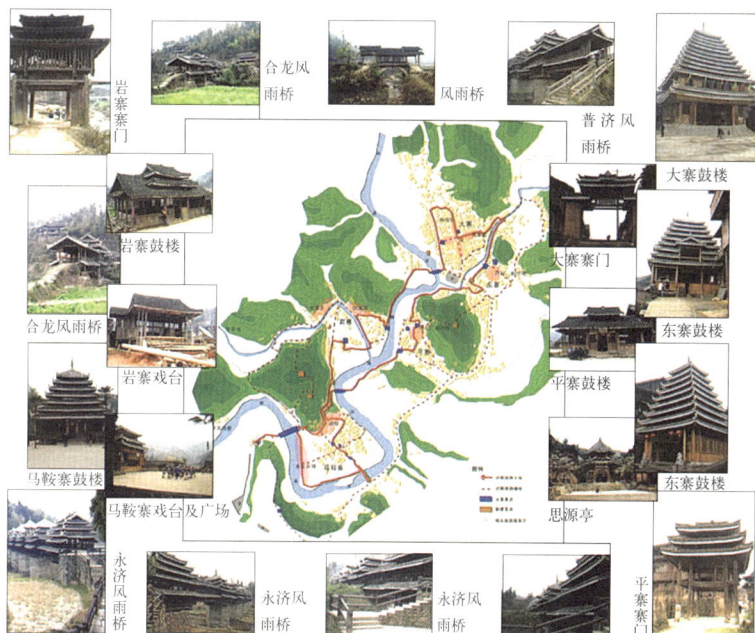

图5-11　建筑分类保护与有机更新

大的建筑，予以拆除，并在原地重建。这类房子主要为危房、砖混房，由于处在一个寨子的重要位置上，简单拆除将损坏寨子的空间肌理，所以设计在原来的位置重建木结构房子；对已破败而无保护价值的楼房或对景观风貌影响较大，拆除后结合景观规划用作绿地或广场（图5-12）。

图5-12　单体建筑修缮与改造

侗族木楼除了外部修缮，内部配套功能设施也需完善，来满足居民现代生活的要求，如增加采光、通风的面积。增加厨房、卫生间。对火塘结构有所改造，增加炉栅和落灰坑。如火塘用于取暖和做饭，已经不满足现代生活要求，在二层火塘的位置加设洁净厨房。现状厕所简陋，不卫生，设计在一层增加现代式卫生间，改善居民的生活条件。

2. 规划实施

目前程阳八寨的各项建设工作正在规划的指导下有条不紊地进行，并取得了初步的成效：平寨教学楼改造已经完成，岩寨鼓楼已经落成，马鞍寨内的保护与整治已基本完成，景区的接待中心、停车场等相关旅游配套设施已初步完成，其他各寨的保护与整治工作也已进入全面建设阶段（图5-13）。

（1）经济效益

程阳八寨的保护与旅游开发极大地促进了三江县旅游业的发展。据统计，2007年上半年三江县旅游总人数：19.5万人次，同比增18%，旅游社会总收入：2900万元，同比增18.5%，其中：入境游客达1.6万人次，同比增33%，国际旅游创汇：117万美元，同比增34%。

（2）环境效益

在规划指导下，经过对周边山体环境治理、河道整治、村寨内部排水、垃圾处理、消防设施等策略，以及制定环卫制度、消防应急预案、旅游发展容量控制指标等，将有效地改善村寨生态环境、人居环境及旅游环境，推进程阳八寨的可持续发展。

（3）社会效益

本规划的实施极大地改善了当地村民的生活条件，有效地解决了当地村民的就业问题，促进了当地经济的发展，对当地文物与传统聚落的保护与发展、民俗文化的传承与发扬工作提供了有效的指导。理顺了景区管理、农村基层组织、村民等多元利益分配关系，促进了社会的和谐发展。程阳八寨入选2007年首批"中国景观村落"。

3. 项目评价与启示

（1）规划内容综合完整，可操作性强

针对村寨具体问题具体分析，突出规划体系的分层与复合型，强调实施内容的分解与系统性；在规划内容的广度和深度上进行有针对性的取舍，构建了规划矩阵体系，其中：横向有历史文化保护规划、环境整治规划、景区旅游规划、新农村建设规划；纵向有总体规划、详细规划、景观设计、专项设计，最终形成切合程阳八寨的规划设计成果。

规划中增加项目建设信息库，农村基层组织管理制度、旅游形象策划、经营模式策划等等内容，对规划实施的可行性给予有力支撑，保障规划的顺利实施。

（2）规划理念新颖务实，时效性强

①以整体保护为理念，突出强调特定时空环

图 5-13　程阳八寨景区北接待中心

境下发展因素的动态协调

　　规划视传统聚落为生命有机体，物质文化、非物质文化并重，保护、利用、更新相结合，从而实现在物质条件现代化的同时，传统聚落的生活方式与文化观念稳定演进，传统聚落在动态保护中得到整体的可持续发展。

　　②以产业复兴为理念，统筹把握保护与开发的关系

　　规划在保护的前提下，将适度的旅游开发作为程阳八寨传统聚落复兴及社会主义新农村建设的有效手段，以保护为核心，以旅游产业发展为动力，推进传统聚落有机复兴。

　　③以"务实规划"为理念，突出强调沟通、联络和时效性

　　综合考虑规划的时代背景，摒弃固定规划模式，充分吸纳政府、寨民、专家、企业等规划多元主体的意愿，实事求是地体现到具体的物质环

境设计以及实施管理模式的构建上。

　　（3）规划方法独特有效，技术先进

　　规划采用现场踏勘、入户调查、数据对比、GIS技术、实地访谈、会议沟通等方法，廓清规划的主要问题和一般问题，认识到程阳八寨的复杂情况，视解决重要问题为实现规划目标的核心。规划实现由"蓝图规划"向"过程规划"转变，注重联络与公众参与，强调规划的长期跟踪服务。

　　程阳八寨的规划案例说明，错综复杂的问题需要综合的规划整治，既要从历史文化遗产保护、人居环境改善、旅游产业发展等多向度考虑，又要从宏观、中观、微观等多视角提出发展目标、控制要求和设计指引等。如何既改善少数民族生活环境、提高人民生活质量，又有效促进旅游业的持续、健康发展，这是传统村落保护与发展规划亟待解决的问题。

三、阳朔西街历史地段保护规划

阳朔县位于漓江黄金旅游通道南端，建城至今已有千余年历史。县城四周水系纵横，奇峰四起，山水风光秀丽，素有"桂林山水甲天下，阳朔山水甲桂林"之说。阳朔山水的灵气也曾孕育出许多饱学之士，如桂北第一甲曹邺，可谓人杰地灵，人才辈出。阳朔西街是极具代表性的桂北传统街道，是阳朔现存最古老的石板街，曾是阳朔集市所在地，沿街的老宅透露着浓郁的历史文化气息。西街内完好地保留着大量的民国时期建筑，另外还有少量的明清建筑，有着较为完善的历史风貌。

20世纪80～90年代，随着改革开放和旅游业的兴起，阳朔西街成为了洋人聚集最多的地方，它充满桂北乡土气息的同时，又洋溢着浓郁的异国情调。为了满足接待要求，阳朔西街内部及周边的街区也涌现了不少新建筑，但很多新建筑没能很好地考虑与自然山水环境、与传统建筑风格的关系，造成了历史街区整体风貌的破坏。另外，由于街区周围功能较为复杂，不能较好地满足西街历史地段的现实要求，使得街区环境质量不断下降，各种矛盾日趋突出（图5-14），阳朔西街的整治与改造提上日程。正是在这种情况下，1999年当地政府开始对西街进行保护与整治，在完成编制《阳朔西街历史地段保护详细规划》后，政府、居民、开发商共同协作，西街改造工程顺利开展。

1. 规划内容

规划注重西街历史地段的功能合理布局和协调发展，整个保护性整治规划在充分尊重地域性的背景下展开（图5-15）。

（1）注重周边整体自然山水风貌的保护和建设控制

整体环境的保护包括水系规划及周边环境的建设控制。阳朔县城水系丰富，是阳朔山水城市格局的重要组成因素。水系规划以"点—线—面"相结合，梳理水系现状周边节点景观，重点控制叠翠路入口、城中南路入口、西街入口、城中路桂花桥等节点景观，达到整治面的生态质量，使西街历史地段的水系成网络发展，生生不息，形成环绕西街历史地段的绿带和水系空间。在水系和绿带的环绕下，形成历史街区居中的格局；对与传统建筑风格不协调的建筑进行整治，使其风格能够得到较好的延续；通过环境的整治和公共设施的建设，提供较好的旅游居住环境，设置会议交流、地方歌舞演出等公众交流场所，并保持其一定的居住人口数量，较好地保持其文化的完整性和多元性。

（2）强化西街历史地段的旅游特色和服务功能

西街历史地段是阳朔历史最为悠久的街区，富有历史气息，每天都吸引着大量游客。规划将降低西街历史地段的建筑密度、居住密度；调整不合理的用地布局和功能布局，"显山露水"，强化居住和旅游服务功能，弱化其行政、交通职能，提高历史地段的环境质量和抗灾能力。

（3）增强历史街区的价值和特色风貌

西街保持着明清时代特点的街道形态，具有浓郁的传统商业氛围及文化气息。规划将西街历史地段划分为核心保护区与风貌协调区二

图5-14　改造前的阳朔西街

图 5-15 阳朔西街改造规划总平面图

级保护区：核心保护区要求民居建筑全面保持
传统风貌，建筑必须保持古朴的外观，主要空
间尺度保持不变，且区域内建筑总面积不再增
加；对不符合风貌要求的建筑进行"修景"，使
之与周围环境、风格相协调。风貌协调区内划
定的改建民居式建筑、新建民居式建筑应与核
心保护区在环境、建筑特色等方面保持协调（图
5-16 ～图 5-19）。

（4）完善和提高基础设施服务能力

体现在道路交通系统的调整、交通、环卫、
消防设施设置等方面。在道路交通系统的调整上，
考虑阳朔作为桂林市黄金旅游通道漓江的终端，
大量游客会在此下船，因此将西街历史地段的道
路分为交通性道路、步行道系统、自行车、步行
混合路、巷道，除提供快速的疏散通道外，还可
方便游客步行游览、休憩。充分利用原有内事停
车场，在西街外围设置外事停车场。西街限制机
动车辆进入，减少污染。改善给排水系统，优化
居民燃料结构，设置路灯、消火栓、路名牌、地

图牌、果皮箱等市政设施。

2．规划实施

阳朔西街规划工程采用了政府倡导、专家支
持、居民参与的共同开发模式，政府提供政策支
持和控制管理依据，设计单位提供技术支持，由
居民自筹资金改建、改造自家房屋建筑。公共服
务设施建设资金通过土地升值达到回收—滚动—
发展的良性循环。

3．项目评价与启示

（1）整体保护、师法自然

阳朔西街的规划首先强调了整体性原则，力
求师法自然。不仅对街区小尺度的空间形态和"白
墙、青瓦、红门窗"的建筑风格进行保护，而且
注重周边整体自然山水风貌的保护和形态控制，
力求保持原有街区的风貌特色，注重与自然山水
环境的协调关系。规划通过交通系统的调整、水
电系统的改善，提高了街区环境质量，为街区注
入了现代的商业、旅游服务功能，使面临衰败威
胁的街区得以复兴。

图 5-16　古风犹存的阳朔西街

图 5-17　西街一隅

图 5-19　西街新建筑风貌

图 5-18 规划整齐的阳朔西街

（2）积极倡导公众参与

阳朔西街规划的另一大特色就是在规划当中积极倡导公众参与。规划设计中采用问卷调查和居民走访等多种形式，了解居民的想法，听取居民和游客的意见，使居民成为工程的积极支持者和参与者；规划实施中，在保证整体规划设计要求和整体风格一致的前提下，店铺的门面、内装修允许业主自由发挥，大大地调动了居民的积极性。他们不但是投资的主体，而且成为规划设计

的参与者。这也反映出在规划当中引进公众参与的积极意义。

（3）适当推广，效益俱佳

阳朔西街改造工程充分挖掘了西街文化和原有民居建筑资源的潜力，形成了阳朔旅游的新热点。西街竣工后，许多国内外资金涌向了西街，邻近街区的居民也主动要求按照西街模式整治自己的街区，工程所涉及的范围便大大地超出了原先的规划，也推动了阳朔县城的城市建设。另一

方面，改造也带来了良好的经济收益。阳朔西街改造工程使得居民生活环境得到很大改善，西街和阳朔的知名度大大提高，由此带来了良好的经济效益，如西街的铺面租金，整治后比整治前翻了一番。全县旅游的收入也随着游客滞留时间的增加而增长。

图 5—20　阳朔西街：可持续发展的人居环境改造

阳朔西街的案例说明：可持续发展的人居环境不仅要满足功能发展的需求，还必须巧借自然、融于自然、丰富场所精神、传承和弘扬地域文化，才能重新体现出历史街区在时代、经济、文化、生态等方面的复合价值（图5-20）。

图 5-21　北海老城发展

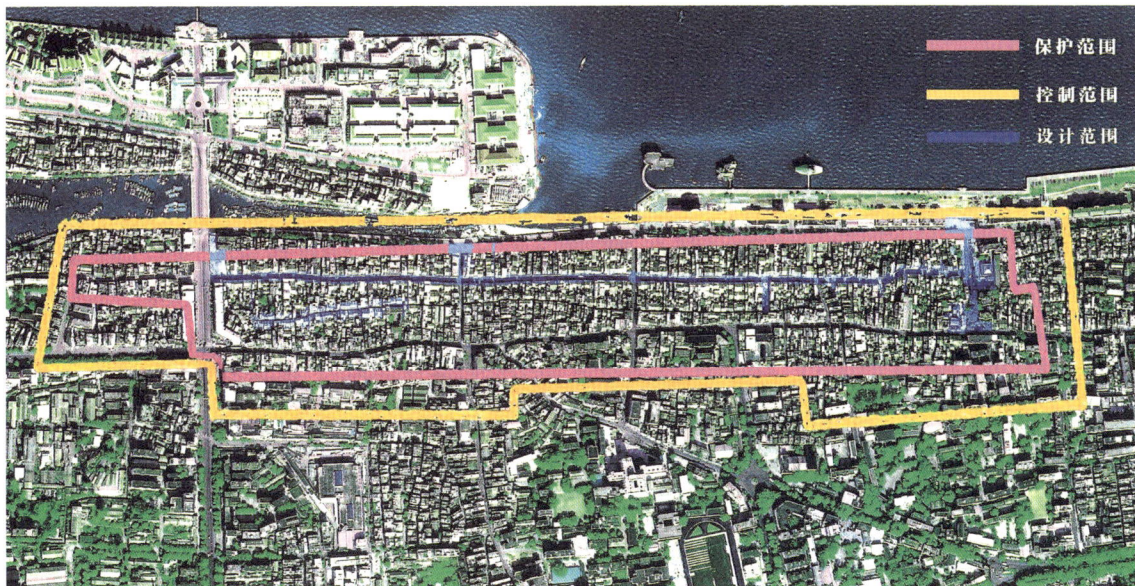

图 5-22　北海老城一期旅游景观设计范围

四、北海老城一期景观设计

北海老城的发展经历了 100 多年，形成了以商贸为主要特点又融汇中西特色的城市风貌。由于新城的发展，老城的商贸功能逐渐迁移，其基础设施也随之萎缩，历史文脉日渐断裂。出于城市可持续发展的需要，对北海老城的保护、复兴工作也提上日程。老城保护采取整体规划、分期设计、逐一开发的模式。其中，一期旅游景观设计范围位于老城西北部，主要由珠海路（旺盛路至海关路段）、民建一街、海关路三条街道构成。设计范围以珠海路为主体，由西而东自旺盛路到海关路，南到民建一街（沙脊街），北达海堤街，另外包括民建一街和海关路的景观设计，涉及街道长度约 1900m（图 5-21、图 5-22）。

1. 保护理念及设计思路

老城保护以"在创新中怀旧、在利用中保护、在管理中复兴"为理念，因此，项目在设计中运用空间句法分析、元素叠加求解等方法，为北海老城注入新的发展动力，促使其转变经济结构、改善人居环境、丰富景观内涵、体现美学意图，使整个老城在规划设计的基础上激活人们的历史记忆和未来想象，使老城成为"魅力家园"，形成独特的城市景观。

2. 空间句法分析及景观意象结构求解

（1）空间句法分析

北海老城空间句法的分析，在于弄懂老城的"词汇"、"语义"及其"语法"，是对老城保护、复兴的"语用"的前期准备。老城资源要素的叠加，是"语用"的过程，在于优化老城特色资源的配置，即通过元素叠加法，叠加历史文化资源、现状景观元素、现状空间等元素，并在此基础上，对建筑质量、建筑保护等级、建筑产权等限制因素进行校核，最终确定旅游景观设计内容（图 5-23）。

（2）景观意象结构求解

通过对北海老城的空间句法分析，结合老城

图 5-23　北海老城空间句法的分析

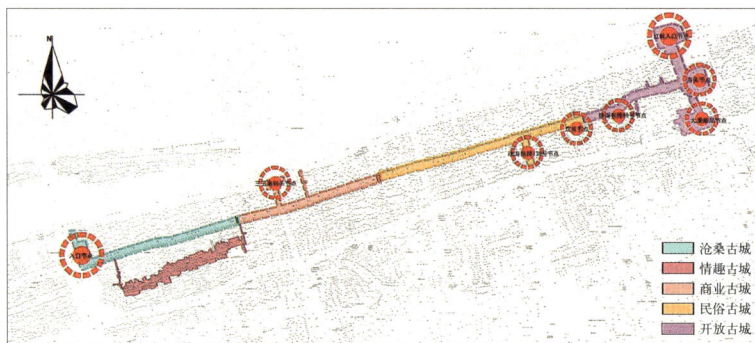

图 5—24 "五段八点"的景观结构意向

历史文化景点的分布及游客观光心理感受,一期旅游景观可求解为"五段八点"的景观结构意向(图 5-24)。

五段:第一段(珠海西路)——沧桑古城:该段位于一期路线出入口处,建筑质量高,骑楼建筑保存相对完整。景观意象主要是通过展示北海老城的总体风格特征,使游客对老城有一个总体认知。第二段(民建一街)——情趣古城:该段是北海历史上的第一条街道,环境保存完整,历史文化资源丰富,景观意象是通过北海早期生活场景重塑,打开北海城市记忆,追溯"第一街"生活历史。第三段(珠海西路、珠海中路)——商业古城:该段曾经是老城贸易中心,商业痕迹明显。景观意象以展示北海老城因商兴市的历史为主。第四段(珠海中路、珠海东路)——民俗古城:该段位于设计范围的中东部,世俗生活气息浓郁,景观意象为展现老城民俗风情。第五段(珠海东路、海关路)——开放古城:该段中的海关、炮台、大清邮局,既是国人抵抗外来侵略的历史遗迹,也是北海开埠经商、对外贸易往来的记忆载体。景观设计意象为极具西洋韵味的文化街和北海人民奋发图强精神的展示馆。

八点: 旺盛路、珠海路入口场景景点;三王庙码头场景景点;珠海东路 139 号休憩场景景点;双水井场景景点;珠海东路 69 号休憩场景景点;海关场景景点;大清邮局场景景点;红帆入口场景景点。

3. 活力景观打造

项目在保护和复兴北海老城时所作的景观设计中,注重可视景观与心理景观的结合,使人们在诸多"新的因素"中激活内在记忆,产生对景观的心理认同。如:

旺盛路入口。设计以北海的起源——"疍家文化"为切入点,设置了疍家棚模型、疍家文化雕塑、历史文化展示墙和珠海路历史断面展示槽,以此展示北海的起源和发展历程。入口牌楼的设计则将北海老城里的两个最常见元素——骑楼和西式女儿墙结合在一起,成为具有老城特色的标志性牌楼(图 5-25)。

三王庙码头。设计主题定位为展示昔日三王庙码头繁荣景象,它是旅游路线中的重要节点,它将恢复部分历史遗迹,供游客参观。设计通过填挖部分内港,意象性地恢复了原三王庙码头,设置了码头苦力雕塑和滑尾艇模型,以此展示昔日三王庙码头商贸往来的场景(图 5-26)。

雕塑景观。在"摇水井"这一景点,配置了三个小孩摇水洗澡嬉戏的雕塑设计,无疑会给当地居民和旅游者心理上的暗示,因为民国期间,珠海路拓建,为了解决街区市民用水困难,1928年由北海市商会牵头,各商户捐资,请专业打井队到珠海路打了 8 口管井,每天黄昏,珠海路各店铺的工人以及担水卖的人都到较近的管井去排队打水,而那些从海里游泳上岸的小孩们,则趁没有人打水的空隙,互相赶忙打水,让那清凉的泉水把身上的海水冲得一干二净,这构成了珠海路一幅特有的风情小景(图 5-27、图 5-28)。其他雕塑景观也起到了相同的心理暗示效果,对以往及当下的建成环境的提升有着重要的作用。

4. 魅力家园共建

因为北海具备的老城品质和城市特色,所以在复兴北海老城的前期规划是引入旅游业、文化产业,这也是诸多老城复兴的第一步。对北海老城来说,挖掘历史文化资源,通过多种景观设计手法与工程技术手段,保护老城历史风貌,改善居民生活环境;引入文化产业经营,弘扬北海老城文化;双管齐下,将北海老城修复成为集观光、

图 5-25 旺盛路入口景观意象

图 5-26 三王庙码头景观意象

图 5-27　"摇水井"景点雕塑

图 5-28　市民与雕塑小景

购物、休闲为一体的历史文化旅游区，是复兴老城繁华景象的策略。

沙脊街：以展示老街历史风貌为主，展现老街及各小巷历史风貌，恢复北海第一酒楼（宜仙酒楼），形成浓郁的文化氛围，兼顾旅游纪念品售卖，发展文博艺术欣赏游。

珠海西路：以渔家文化体验为主，展示珍珠、贝雕、木器、竹器等特色手工艺品及其制作的工艺流程，吸引游人参与制作，发展休闲娱乐购物游。

珠海中路：以古玩观赏、特色服饰展示、娱乐表演为主，重现昔日珠海路繁荣的商业街景，发展文化特色专题游。

珠海东路双水井以西：以西洋文化体验、饮食、民居旅店为重点，形成美食一条街，既展现地方饮食文化，又吸收引进异域的美食经典，发展美食休闲娱乐游。

珠海东路双水井以东：以酒吧文化为重点，形成酒吧一条街，展现酒吧文化，提供供居民、游客休憩、娱乐、放松的空间，发展酒吧休闲娱乐游。同时，陆续在原址上恢复老字号，激活人们的历史记忆。

此外，北海老城的规划设计用心于营造场所的亲近感、地方的认同感，骑楼、教堂的细致修缮就是明证。前者是适应南方气候环境的商住建筑，后者是西方文化的一个建筑载体，建筑之后所蕴涵的文化意义精神维度都在反映老城所展示的魅力（图 5-29、图 5-30）。

5. 项目评价与启示

正如凯文·林奇所说："一个不能改变的环境会招致自身的毁灭。我们偏好一个以宝贵的遗产为背景并逐步改良的世界，在这个世界人们能追随历史的痕迹而留下个人的印记"，"为了现在及未来的需要而对历史遗迹的变化进行管理并有效地加以利用，胜过对神圣的过去的一种僵化的尊重。"自 2006 年 5 月 1 日，北海老城已经正式启动旅游服务，其复兴的理念和措施也将不断完善、发展，但老城复兴项目的顺利推进说明，对老城的利用性保护，真正保护了老城的生命力。也就是说，用与时俱进的保护方法和复兴思维去减弱老城历史与现实间的不协调，利用其历史形成的特色，管理其在当代有可能发生的物质环境变化，从而不仅在现实层面上打造富有活力的整体景观、魅力家园，而且在心理层面上打造富有活力的整体景观、营造魅力家园，真正地达到体现美学意图与建造人居环境的双重目的，使老城　　真正"老有所用"。

图 5-29　老城建筑改造及环境装置设置

图 5-30   北海老城魅力家园共建

第二节 传承与发展

一、广西竹筒楼外观改造试点

本项目是统筹城乡发展，建设社会主义新农村，改善农村人居环境的具体实践；它以弘扬与保护地方建筑文化为出发目的，既有利于构建"和谐广西"、"文化广西"，提升广西的整体形象，更有利于改变居民的落后建筑观念。将为改善城镇环境、提高居民居住水平，为广西社会主义新农村的建设树立起示范作用。

项目以阳朔东岭、昭平黄姚、兴安水街三地竹筒楼改造为试点，设计方案把握试点地方民族建筑文化的主要特征，确立了以建筑屋面、披檐、窗楣、阳台、墙裙、建筑色彩的改造方案。设计按照"造价要低、实用性要强、推广价值要大"的总体要求，以现代的设计手法，重新演绎试点地方建筑文化，通过改造使选点地区充满传统建筑文化色彩，延续地方传统建筑文化。

1. 阳朔东岭建筑改造设计

通过对阳朔地方建筑文化的分析，结合改造选点的建筑、环境特征，设计分成两部分进行，沿江部分以桂北民居建筑风格进行改造，片区内部如江东路的建筑以中原建筑风格和桂北民居建筑风格相互结合进行设计。设计主要从屋面、披檐、窗楣、阳台、墙裙、建筑色彩等几个方面进行改造（图 5-31）。

（1）屋面

在整治中，将平屋面的建筑一律改为小青瓦坡屋面，根据桂北现存的干栏式民居建筑特征，运用的改造方式主要有以下几种：①一般的建筑采用改成全部坡屋面的屋顶形式；②建筑进深大、改全部坡屋面难度较大的建筑，采用加设屋面封檐的形式；③部分建筑改为重檐坡屋顶。在改造过程中，充分利用当地的材料和成熟的施工方式，并将屋面以下的木结构构建外露，充分保留形式上和空间感受上的一致性，做到修旧如旧。在不破坏建筑物整体性和结构稳定性的前提下，使该地区的建筑风格得到统一。

（2）披檐、窗楣

将现存的钢筋混凝土雨篷或琉璃瓦披檐，改为小青瓦披檐，披檐下方的木结构作为支撑构件，利用角钢和铆钉固定在墙面上，这样，既可以增加建筑立面的层次感，也可以保证与桂北干栏建筑风格和形式上的继承和统一。同时，与桂北建筑山墙面的处理手法相呼应，在部分山墙面上适当增设小青瓦披檐，减少大面积白墙所造成的心理压迫感。根据需要，在部分窗户上方做披檐处理，与屋面小青瓦做法相呼应。木制的支撑构件有规律地出现，使得桂北建筑文化符号得到重复与强化，构成传统特色的重要因素。

（3）阳台

将现存的混凝土阳台栏杆改为木制栏杆或栏板，在适当的部分，如栏杆的结构立柱与屋檐下方的垂花柱相结合，形成上下联系的纵向构件。同时，在阳台下方增加木制构件，外露或出挑，结合栏杆的立柱形成完整框架体系，丰富立面层次并强调整体的受力结构的同时，呼应屋檐的做法。

（4）墙裙

设计结合桂北干栏民居底层护坡的处理手法，力求改造后的建筑与自然环境充分融合。改

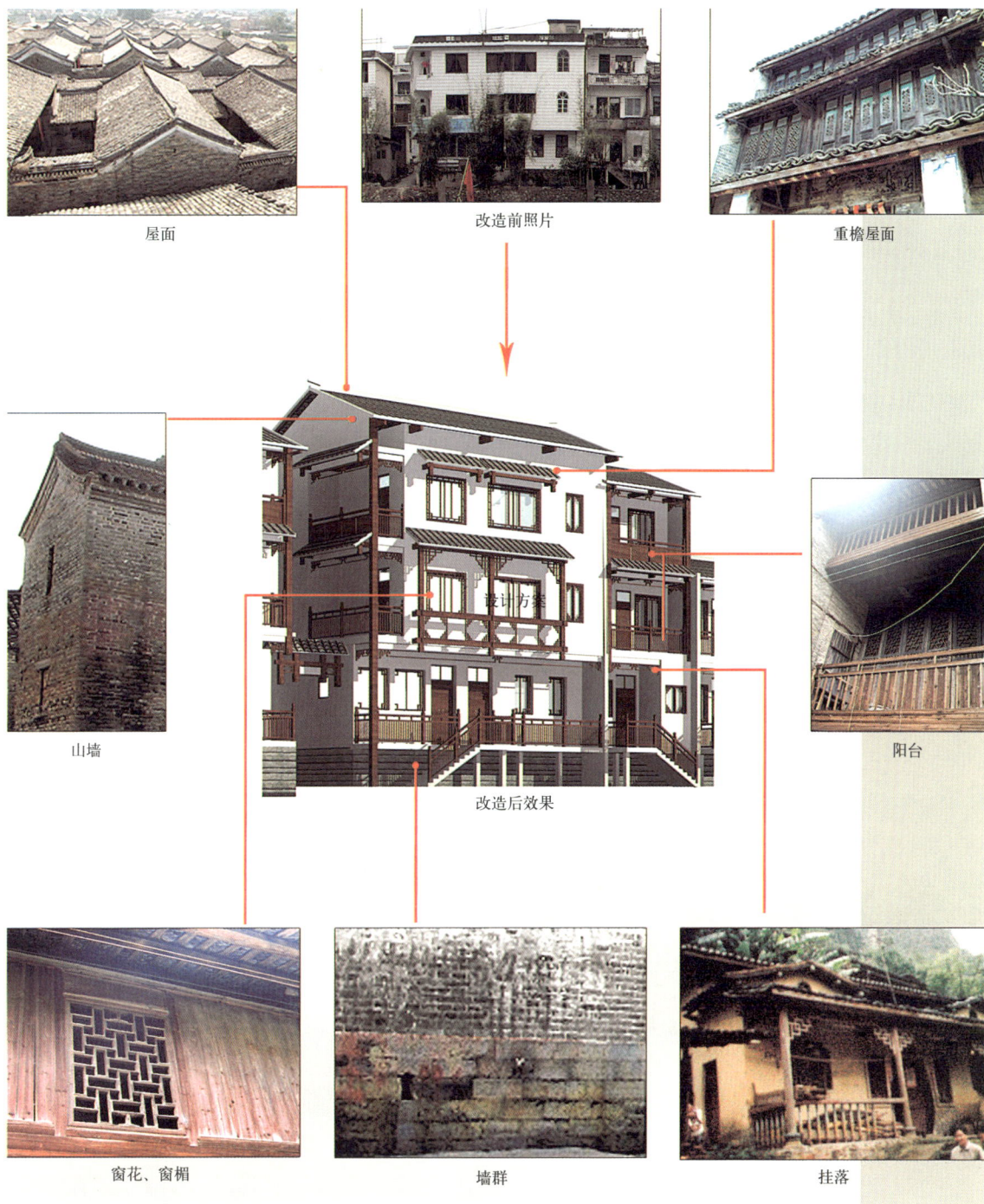

屋面

改造前照片

重檐屋面

山墙

改造后效果

阳台

窗花、窗楣

墙群

挂落

图 5-31　建筑要素分析

造的方法有：①在东岭沿江建筑一层的架空层部分，运用当地的毛石作为主要材料，自然并合理地处理建筑底层，在适当的部分，用毛石作为扩大的基座，将建筑自身的结构构件保护起来，充分体现建筑自身的受力体系。②在其他部分的建筑底层，将距离地面 300mm 的墙体部分用毛石

贴面保护起来，延续桂北干栏建筑的做法，保护墙体的同时达到统一建筑风格的目的。

（5）建筑色彩

结合桂北民居与徽派民居中以黑白灰为主色调的特点，大量运用了白色墙面以及青色的屋面瓦，两者整体对比的同时，加上灰色调的当地石材墙裙作为补充，以及较为鲜艳的木制材料作为视觉活跃点，力图在注重建筑物的主导色与点缀色之间相互搭配和映衬，获得观感明快、大方、柔和、统一的色彩效果，增加建筑艺术美感，形成层次鲜明和韵律感强的怡人的环境氛围（图5-32、图5-33）。

2. 黄姚古镇建筑改造设计

为了保护黄姚古镇核心区的整体风貌，改造遵循"修旧如旧"的设计原则，主要从屋面、墙体、门窗装饰、建筑材料、色彩等几个方面进行改造设计。

（1）屋面

屋顶形式是广西传统民居建筑中最具有地方特色的特征之一，黄姚古镇核心区内新建建筑的屋顶部分采用了平屋顶，地域特征略显不足。设计将平屋顶改成坡屋顶，或局部改成坡顶，或加披檐，以创造良好的立面视觉效果，使其融入周围的传统建筑环境和自然环境当中。

（2）墙体

黄姚古镇大部分建筑属明清时期的建筑。外墙面以青砖包墙到顶，山墙造型多样，重要建筑采用高大的龙脊山墙，山墙的外墙面有浮雕，立体感强。墙体材料除采用青砖外，还有泥墙，与自然环境相得益彰。墙体改造的方法有如下几种：①对于保护区内有损坏的泥墙房屋，依原貌进行修葺，使其保持原有风貌。②对于新建的红砖房屋，则用仿青砖外墙涂料，勾出砖缝。在局部位置，如在承重部件的位置结合传统民居的结构特点，用其他颜色涂刷或采用板材拼贴。③将传统民居的营造艺术用现代彩绘的手法加以展现，以此来延续传统民居的特色。

（3）门窗装饰

设计在原有的门窗洞口外部加木制镂空隔扇。隔扇的花纹采用简化后的传统图案，既保留

图 5-32　阳朔东岭民居改造效果

图 5-33　阳朔东岭
民居改造后与山水
环境的融合

了原有传统民族神韵，又不失现代的简洁风格。

（4）建筑材料、色彩

建筑立面改造的基本色彩宜采用清淡的灰白色调。屋顶是青灰色，局部构件如门、窗、栏杆等可漆成暗红色。建筑材料主要采用当地的材料，如木、竹子、石材等，使其改造方案更具经济性和可行性（图5-34、图5-35）。

3. 兴安水街建筑改造设计

对于兴安试点的建筑改造，充分抓住兴安主流文化即秦文化的特点，局部结合桂北干栏建筑风格，凸现地方特色。（图5-36、图5-37）具体参见本章"兴安城市风貌研究"。

4. 项目评价与启示

由于历史上各种原因的影响，中国城镇建设从管理层面到市民层面都缺乏建筑的文化观念，审美价值观出现偏差，对自身传统建筑文化的挖掘和利用重视不够，致使不同地区之间的建筑形式过度雷同，使地方的文脉受到破坏和人为割裂，使人们对所居住的城市和环境产生了一种陌生感，丧失了认同感和归宿感。竹筒房的改造正是在这种背景下产生的。因此，《广西民居文化保护与推广——广西竹筒楼外观改造试点》项目得到了自治区政府的高度重视，项目验收会议肯定了项目取得的成效、工作经验和起到的广泛影响。通过竹筒房改造试点的成功范例，可以培养当地居民传统建筑文化保护的意识，引导居民建立正确的生活居住观念，进而推动城镇特色风貌的营造，改善人居环境。

项目获2007年度南宁市优秀勘察设计优秀设计一等奖，目前项目宣传材料已发放全自治区县级以上建设管理系统推广学习，具有积极的示范作用。

黄姚核心保护区新建筑现状照片（部分）

黄姚核心保护区新建筑立面现状图（部分）

黄姚核心保护区新建筑立面改造方案（部分）

图5-34　核心保护区新建筑立面改造方案

改造前　　　　　　　　改造后

图 5-35　民居改造前后对比图

图5-36   兴安水街建筑改造意象

图5-37   兴安水街
风貌

二、荔园山庄规划与建筑设计

荔园山庄位于广西壮族自治区首府南宁市的东南部，东依南宁市著名的青秀山风景区，南临邕江，周边景色优美，视野开阔，用地内植物葱郁，景观生态基础较好，是首届中国—东盟博览会的重要接待基地。整个接待基地由2幢A型接待楼，

20 幢 B 型接待楼与 1 幢会议中心组成。每幢 A 型楼含一套超豪华套间，20 多间标准间，建筑面积 6000 多平方米；每幢 B 型楼含 2 套贵宾套间，10 多间标准间，建筑面积 2000 多平方米。此外，各接待楼均含有标准不同的会议、宴会、娱乐等公共配套用房。

1．总体布局

从场地内部向东而望，青秀山的轮廓清晰可见，绿色长链蜿蜒展伸，与场地内的山形连成一体。场地围合感较强，东北和西北边缘由连续山脊构成一道天然屏障，将谷地与规划的英华路及青山路隔开；东南边缘部分区域有一较低支脉，将谷地与滨江路隔开。谷地内部地势平缓，从外部道路上视线不能通达，有利于安全保卫。场地内大部分山体与谷地均被郁郁葱葱的植物覆盖，具有良好的生态基础和景观背景。但场地内地形起伏较大，最大高差处达到 75.72m。场地的隐蔽部分面积不大，除去低洼的谷地，景观视线较好的山体向阳面地势陡峭，可供建设的良好用地不多。

项目布局汲取广西传统民居的空间布局特色，并结合建设用地实际情况，总平面设计因势利导，形成"两岸青山碧水缠，大珠小珠落玉盘"的总体布局特点。将场地中部的低洼谷地改造成一条曲折流淌的带状人工湖，湖面模拟自然生态水系，由窄至宽，逐级跌落，自西向东联系整个园区，湖畔由疏林草坡逐渐向浓荫密布的山体过渡，构成"两岸青山碧水缠"的基本空间格局，这一格局主导了全园的景观视线取向，为园区山水意境的营造打下良好的基础，同时大面积水体的引入，也为园区的自然生态环境增添了有益的成分。

围绕中心湖区，20 多幢接待楼呈分散点式布置，这种"大珠小珠落玉盘"的分布看似随意而为，实际上是依据"向心"、"顺势"、"顺风"等多种构成法则精心设计而成。各接待楼以带状湖区为中心，或顺应等高线的起伏而进退，或居临水处接纳拂过湖面的徐徐清风，或与园区山路密

切配合，各建筑组合不拘泥于陈规定式，充分适应山形地势，和谐地融于自然环境。这种散点布局，可以无拘无束地点景和观景，取得自由随意，富含天趣的风貌，也极符合各接待楼平面功能自成一体，相互间联系较弱的特点。此外，项目的空间布局模式还避免了大量的土方工程，保护了原始地形和现状植被，保护了场地背景山形轮廓线的完整，使接待基地形成初具传统山水意境的园林式空间环境（图 5-38）。

2．建筑创作

荔园山庄的单体设计利用建筑意象中"意"与"象"的对应关系，把"意"作为传承建筑文化的血脉，用之对应联系位于"传统与现代的时空"两端的建筑的"象"，将蕴含于民族传统形式中的"动人的意"，再现于运用现代材料、技术和设计手法来表达的现代建筑的形象之中。这种设计方法既扎根于东方古典美学理论，又适合在中国的土壤中生长。

由于干栏建筑不为广西独有，而是遍布于地理气候相近的整个岭南地区，故而建筑师将荔园山庄单体设计中以干栏建筑为原型的主导理念称为"岭南意韵"。底层虚设的空灵之美，吊楼、挑廊的轻巧之美，天然材料的素雅之美，是建筑师对干栏建筑艺术内涵的提炼与总结，建筑师以此作为荔园山庄设计的意象控制要点，运用现代建筑语汇加以表达：大面积清水玻璃幕墙，赋予建筑灵动的气质，室内外空间在此交融与辉映，演绎着变幻与永恒的对话，变化的是大自然四季交替的色彩，不变的是温馨从容的生活；白色墙面与粗糙石材的穿插组合，寓意传统和现代的融合共生；轻巧的遮阳架与大出檐的四坡顶，以纯现代的建筑语言描绘着干栏建筑的形式之美；由民族图案简化而来的方格窗套，既符合当代简洁大方的审美观，又不失传统韵味。在清玻、白墙、蓝瓦的表皮之下，在架空、出挑、退台的变化之中，荔园山庄默默流转着千百年来积淀于传统形式之中的"动人的意"，含而不露，张而不弛（图 5-39 ～图

图 5—38 荔园山庄

图 5—39 建筑与环境的融合

5-41）。

3. 项目评价与启示

项目历经多年酝酿和反复修改，体现出广西本土建筑师对地域性现代建筑创作的一些新探求和新思路，是建筑师和规划师对和谐人居环境营造的亲历实践。2005 年，项目获全国人居经典建筑规划设计方案竞赛建筑、环境双金奖。他们的创作经验是：

第一，强调具体环境对建筑的决定作用。一是关注地理气候、地形地貌等生态大环境背景的影响作用，将建筑和群落合理利用自然所赋予的便利条件，并融入环境当中；二是关注微观场址，即建筑所处地段具体的地形地貌条件以及项目周围已经形成的建筑环境对项目的制约，将其与坐落的聚落场址和场景相结合。这种尊重自然、尊重场址的观念是人居环境可持续发展的关键。

第二，强调以地域文化为背景的多元文化共生。荔园山庄所体现的地域性并不是狭隘的排他主义，而是在保持地域气候特色、民族特色的基础上，主动与外来建筑文化、现代建筑文化共生、融合。从可持续发展的观点来看，荔园山庄创造了生态、开放的人居环境系统，从而使建筑环境更具生机与活力。

第三，强调"场所精神"。荔园山庄在人居环境营造中，不是照搬传统的复古，不分场合地设置亭台楼阁，而是以人为本，切实考虑人们的心理需要，营造具有地方民族特色的场所空间和情感空间，使亲临其中的人们具有认同感和归属感，有利于人居环境精神功能可持续发展。

第四，对人居环境中地方和乡土要素进行合理阐释和演绎。荔园山庄将传统地域性建筑、聚落环境中的某些符号和元素，有选择、有重点、得当地注入现代建筑设计和景观塑造当中，使设计的作品富有鲜明的地域特征。

图 5-40　建筑立面

图 5—41 建筑细部

三、三江县城市风貌特色研究

三江侗族自治县是美丽神秘的少数民族风情之地，改革开放以来，三江政治、经济、社会、文化、旅游等各项事业蓬勃快速发展，取得了令人瞩目的成就。然而，受快速城市化的影响，三江城市的规划建设很少考虑自身在自然、历史、文化等方面的特殊性，导致城市个性丧失，难以引起人们的认同感和归属感。所以，如何优化改善三江的城市环境，建设体现地方民族特色的城市风貌，弘扬地域与民族特色，特别是如何结合城市旅游，塑造优秀、独特的旅游城市形象，争创旅游优秀县，将是三江城市建设面临的首要问题。因此，开展三江城市风貌研究迫在眉睫。

1. 研究内容

本着弘扬民族文化，挖掘地方特色，塑造三江县县城具有侗族特色的"城市风貌"的设想，在广泛调查、分析和研究的基础上，重点研究三江县古宜镇城区城市风貌的特色，包括对城市的景观环境、城市色彩、建筑风格等进行研究设计和管理控制（图5-42）。具体分为以下几个方面：

（1）城市风貌特色分类、分项研究

研究以空间和时间为序列，对三江的自然山

图5-42 三江县城市风貌格局图

水和民族风情进行了比较研究，提出了"九山半水半分田"的山水格局、"沿水环山阶地上"的空间形态和"枕山、临水、面屏、多聚居"的传统村寨聚居。并从区域视野和时代视觉着手，探讨了三江具有桂北边陲门户节点、区域性交通枢纽、民族文化融合窗口的地域优势，梳理了三江城市建设大规模展开、旅游经济逐步兴起、文化重要性逐步凸显和"风情旅游"战略的实施给三江带来的发展机遇。

（2）城市风貌现状解剖及未来定位

研究对三江的民族性、地域性和时代性进行了系统的解读分析，并在此基础上，提出了以"山水环境、城市空间格局、建筑风貌、绿化系统"

为主要亮点，以打造"侗乡窗口城市、桂北生态城市、广西旅游强县"为主要目标，以"侗乡风情、山水风光、旅游胜地"为主要主题，以"欢乐三江"为城市名片的战略定位。

（3）城市风貌规划、重点景观营造及重要节点设计

研究依据凯文·林奇的城市意象五要素，以及广西民居研究对传统聚落意象的六要素分析，对三江可视可读、可感、可知的城市元素进行了分类；分析了以鼓楼为中心，民居围绕鼓楼而建的内聚向心式布局的传统聚落形态，以及形成"一大侗寨、三个小侗寨组团"的三江县城形态；提出了"一山一水一长廊、两个中心三片区"

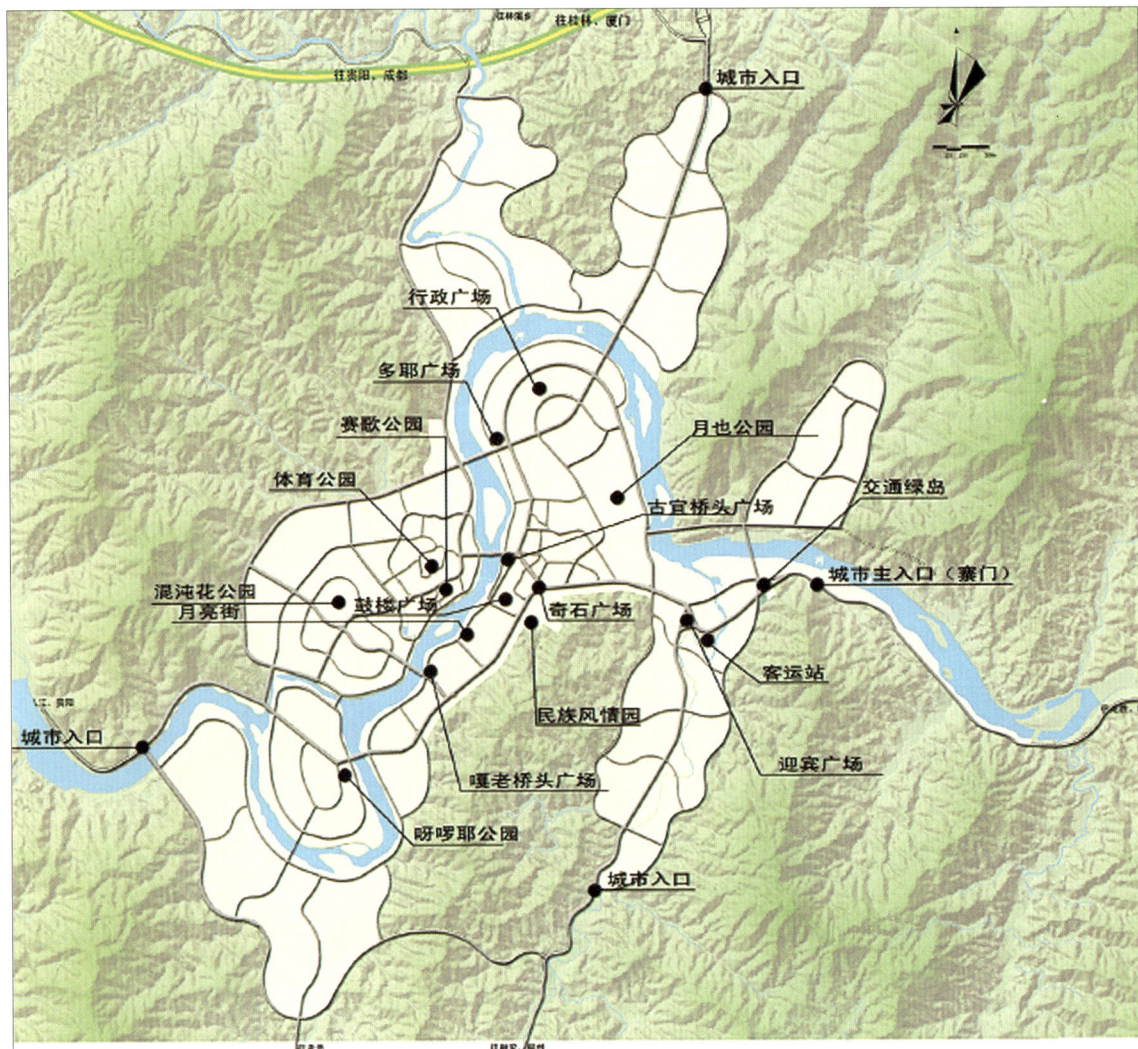

图 5-43　三江县城市风貌重要节点分布图

的三江县城的整体风貌格局，并从总体形象、主要功能、空间形态、色彩基调、建筑风格、特色活动、重要节点和实物等方面对"一山一水一长廊、两个中心三片区"作了具体的风貌控制，对广场、大门、公园、桥头进行了详细的节点设计（图5-43、图5-44）。

（4）城市风貌控制导则、管理措施和政策建议

研究在力争营造具有三江地域性和侗民族特色的前提下，对城市山水环境涵养、城市景观视廊、城市色彩、城市绿化、建筑风格、城市家具、路名系统、城市照明进行了分门别类的风貌导控，并相应提出了分期建设策略和实施保障措施（图5-45）。

图5-44 三江县民族风情园设计构想

老城区 风貌分区导控图则		分区：老城区		
		总体形象：具有历史感，浓厚地域和文化特色的，充满生机的侗族城区。		
		主要功能：居住、行政、文化、商业为住，功能混合。		
区位		空间形态：盘山：以三江宾馆及前门广场为中心制高点，以两层环山道路为骨架向山下展开；沿江：建设沿江展开，留出浔江开敞空间；所有建设必须保持山水格局的完整，视线通廊的通畅。		
	导控因子	导控描述	导控要素	导控意向
街道	兴宜街	侗乡旅游服务为主题。	建筑后退道路红线距离3m以上，保持道路宽度(d)与沿街建筑高度(h)比例2≥d/h≥1。限制两侧建筑高度，临道路建筑高12m～24m，局部建筑最高36m。道铺地样式多样，与传统结合（红线16m）。	
	沿3山路	尺度宜人，生活气息浓郁。	建筑后退道路红线距离3m以上，保持道路宽度(d)与沿街建筑高度(h)比例2≥d/h≥1。限制两侧建筑高度，临道路建筑高12m～24m，局部建筑最高36m。	
	江峰路及其余道路	精致，简洁，符合行政办公区域性格。	建筑后退道路红线距离3m以上，保持道路宽度(d)与沿街建筑高度(h)比例2≥d/h≥1。限制两侧建筑高度，临道路建筑高9m～18m，局部建筑最高24m，铺地形式简洁、现代。	
建筑	办公建筑	以现代手法进行创作，参照侗族民居风格与形式，小体量、院落组合。	建筑色彩以灰色、白色、米黄色为主色调，点缀棕褐色、黄色、紫色等色彩，屋顶形式为斜坡屋面，外挑阳台采用披厦形式、吊脚柱装饰，山墙面采用木构装饰，建筑体量不宜过大，以院落形式组合建筑群体。原有建筑改造主要在建筑色彩、屋顶、阳台、挑台、山墙等方面，体现侗民民居特色。	
	商业建筑			
	住宅及其他建筑			
广场	宾馆门前广场	以侗族民俗文化主题。	广场空间封闭完整，以博物馆、鼓楼、宾馆为广场建筑主体，整合现有零碎空间，将原有体育功能迁移到体育公园；以侗族民俗文化为主题设计，更换雕塑。广场活动以文化展示，民居休闲为住。	
	体育公园	以体育锻炼，居民休闲为主题。	公园空间开敞，以体育馆为主体背景，广场内部根据功能划分不同区域，更换跑道，设置羽毛球场、儿童游乐、座椅、沙坑等露天设施，锻炼设施宜采用原木、绳等原生态材料。广场色彩以植物的绿色为基调。	
	赛歌公园（原街心公园）	以居民休闲，民俗集会为主题。	公园空间封闭，以原有凉亭为中心主体，更换铺地；采用侗族八角放射图案拼花；保留原有柏树，设置绿地，增植植物，丰富植物种类及景观季相；设置报刊栏、宣传栏、果皮箱、座椅等设施；调整周边商业业态，禁止北部饮食店占道经营。	
绿化	广场	因地制宜，乔、灌、草合理配置，符合民居娱乐休闲需求。	广场绿化采用杉木、桃树、山茶、桂花、龟甲冬青、九里香等；体育公园采用银杏、棕榈、桂花、红花羊蹄甲、木槿、栀子、散尾葵、蒲葵、杉木等；赛歌公园采用侧柏、桂花、桃树、栀子、小蜡等；行道树可采用红花羊蹄甲、粉宫羊蹄甲、桂花、小叶榕等。	
	公园			
	街道			

图5-45 三江县城市风貌分区导控图

（5）专题研究

以城市空间格局特色、民族文化特色、建筑风貌特色和生态绿化系统为主题进行了专题研究，系统分析了各风貌因素的现状和问题，对各个因素、各个片区的风貌进行导控，以图文并茂的形式对各重要节点进行了详细的规划设计，提出了风貌建设的具体措施和根本原则（图5-46）。

河西某私人住宅改造后　　　　河西某传统住宅建筑改造后　　　　河西某单元楼改造后

兴宜街改造效果图

图5-46　三江县建筑的改造意向

2. 项目评价与启示

（1）在研究理念上，极力倡导显山露水、尊重历史和以人为本的理念

研究除关注自然界的真山真水外，也对历史文脉和城市精神的继承以及公众意图的表达加以重视。在研究过程中，从历史街区和日常生活中对三江的城市文脉与人文精神进行了感知、提炼，从而在根本上把握住了三江的核心特质所在，形成了"欢乐三江"的总体风貌定位。

（2）在研究方法上，讲究实地踏勘、文献检索和调查问卷相结合

依托前期调查所获得的大量资料，运用多学科理论，建立了系统完整的资料库，对基础资料（公众调查问卷、专项风貌调查表格、地形图等）进行了聚类分析、多因子叠置分析和三维空间模拟分析，以从整体上了解城市公众的风貌意象，把握各种风貌要素的现状利弊，并揭示片区的风貌问题与成因。

（3）在研究成果上，强调图文结合，重视直观感受和指导意义

基础研究报告的结论和风貌要素专题的深入分析表明，三江城市风貌的问题主要集中在城市色彩杂乱、建筑形式与空间群体组合不协调等方面。因此，以解决具体问题为导向，对三江的景观视廊、城市色彩以及建筑的空间组合关系进行重点设计和规划控制，并将相应内容落实到建筑控制导则、视廊风貌控制图则和建筑色彩控制图则上，以图、文相结合的表现方式，切实增强研究成果的直观感受及现实指导意义。

三江城市风貌研究通过详尽的现状调研，将城市的自然特色、发展动力、历史文脉及人文精神等内化到风貌要素的设计中去，进而凭借空间序列和风貌景观的有效组织，形成别具特色的节点空间系统、开放空间系统、高度控制系统、街廊空间系统、方向指认系统、色彩系统、视觉走廊与眺望系统等，从而强化了三江的城市特色。

主要参考文献

[1] 吴良镛. 人居环境科学导论. 北京：中国建筑工业出版社，2001.

[2] 陆元鼎主编. 中国民居建筑. 广州：华南理工大学出版社，2003.

[3] 雷翔主编. 东南亚建筑与城市丛书. 南京：东南大学出版社，2008.

[4] 李先逵. 传统民居与文化. 北京：中国建筑工业出版社，1997.

[5] 刘敦桢. 中国住宅概说. 天津：百花文艺出版社，2003.

[6] 彭一刚. 传统村镇聚落景观分析. 北京：中国建筑工业出版社，1992.

[7] 广西民族传统建筑实录编委会. 广西民族传统建筑实录. 南宁：广西科学技术出版社，1991.

[8] 潘安. 客家民系与客家聚居建筑. 北京：中国建筑工业出版社，1997.

[9] 王其钧. 中国民间住宅建筑. 北京：机械工业出版社，2003.

[10] 季富政. 巴蜀城镇与民居. 成都：西南交通大学出版社，2000.

[11]［清］谢启昆修，胡虔纂，广西师范大学历史系、中国历史文献研究室点校. 广西通志. 南宁：广西人民出版社.

[12] 李长杰主编. 桂北民间建筑. 北京：中国建筑工业出版社，1990.

[13] 洪铁城. 东阳明清建筑. 上海：同济大学出版社，2000.

[14] 覃彩銮. 壮族干栏文化. 南宁：广西人民出版社，1998.

[15] 覃彩銮等. 壮侗民族建筑文化. 南宁：广西民族出版社，2006.

[16] 云南民居. 北京：中国建筑工业出版社，1986.

[17] 张锦秋. 从传统走向未来——一个建筑师的探索. 西安：陕西科技出版社，1993.

[18] 余英. 中国东南系建筑区系类型研究. 北京：中国建筑工业出版社，2001.

[19] 刘沛林. 古村落：和谐的人聚空间. 上海：上海三联书店，1998.

[20] 顾孟潮主编. 20世纪中国建筑. 天津：天津科技出版社，1999.

[21] 朱晓明. 历史环境生机. 北京：中国建材工业出版社，2002.

[22] 张宇星. 城镇生态空间理论. 北京：中国建筑工业出版社，1998.

[23] 阮仪三编. 江南古镇. 上海：上海画报出版社，1998.

[24] 雷翔. 走向制度化的城市规划决策. 北京：中国建筑工业出版社，2003.

[25] 沈福煦. 留住家园——中国古民居. 杭州：浙江摄影出版社，2003.

[26] 罗哲文. 中国古代建筑. 上海：上海古籍出版社，1990.

[27]《古镇书》编辑部. 广西古镇书. 石家庄：花山文艺出版社. 2004.

[28]О.И.普鲁金. 建筑与历史环境. 北京：社会科学文献出版社，1997.

[29] 阿尔贝·德芒戎著，葛以德译. 人文地理学问题. 北京：商务印书馆，1993.

[30] 邹德慈. 城市设计概论. 北京：中国建筑工业出版社，2003.

[31] 杨昌鸣. 东南亚与中国西南少数民族建筑文化探析. 天津：天津大学出版社，2004.

[32] 彭一刚. 建筑空间组合论. 北京：中国建筑工业出版社，1998.

[33] 石克辉、胡雪松主编. 云南乡土建筑文化. 南京：东南大学出版社，2003.

[34][美]凯文·林奇著；方益萍，何晓军译. 城市意象. 北京：华夏出版社，2001.

[35] 当代中国建筑师丛书编委会. 当代中国建筑师——何镜堂. 北京：中国建筑工业出版社，2000.

[36] 覃彩銮. 广西居住文化. 南宁：广西人民出版社，1996.

[37] 潘谷西主编. 中国建筑史. 北京：中国建筑工业出版社，2003.

[38] 韩明谟编著. 农村社会学. 北京：北京大学出版社，2002.

[39] 张声震主编. 壮族通史. 北京：民族出版社，1997.

[40][加]韦湘民、罗小未主编，雷翔执行主编. 椰风海韵——热带滨海城市设计. 北京：中国建筑工业出版社，1994.

[41] 莫家仁，陆群和著. 广西少数民族. 南宁：广西人民出版社，1996.

[42] 顾朝林. 中国城镇体系. 北京：商务印书馆，1996.

[43] 钟文典主编. 广西近代圩镇研究. 广西师范大学出版社，1998.

[44] 壮族简史. 南宁：广西人民出版社，1980.

[45] 瑶族简史. 南宁：广西人民出版社，1983.

[46] 塞缪尔·亨廷顿、劳伦斯·哈里森主编，程克雄译. 文化的重要作用. 北京：新华出版社，2002.

[47] 马凌诺斯基著，费孝通译. 文化论. 北京：华夏出版社，2001.

[48] 亢亮，亢羽. 风水与建筑. 天津：百花文艺出版社，2001.

[49] 黄体荣编著. 广西历史地理. 南宁：广西民族出版社，1985.

[50] 何成轩. 儒学南传史. 北京：北京大学出版社，2000.

[51] 唐正柱主编. 红水河文化研究. 南宁：广西人民出版社，2001.

[52] 丁俊清. 中国居住文化. 上海：同济大学出版社，1997.

[53] 余达忠. 侗族民居. 贵阳：华夏文化艺术出版社，2001.

[54] 中南民族大学、民族学与社会学学院编. 族群与族际交流. 北京：民族出版社，2003.

[55] 宫哲兵. 千家峒运动与瑶族发祥地. 武汉：武汉出版社，2003.

[56] 梁庭望. 壮族文化概论. 南宁：广西教育出版社，2000.

[57] 徐万邦. 中国少数民族文化通论. 北京：中央民族大学出版社，1996.

[58] 赵民，陶小马编著. 城市发展和城市规划的经济学原理. 北京：高等教育出版社，2001.

[59] 阎瑛著. 传统民居艺术. 济南：山东科学技术出版社，2000.

[60] 欧志. 岭南建筑与民俗. 天津：百花文艺出版社，2003.

[61] 陈志华著. 说说乡土建筑研究. 建筑师（75）.

[62] 吴晓勤等. 皖南古村落规划保护方案保护方法研究. 北京：中国建筑工业出版社，2002.

[63][日]日本观光资源保护财团. 历史文化城镇保护. 北京：中国建筑工业出版社，1991.

[64]阮仪三. 历史街区保护的误解与误区. 规划师，1999，(4).

[65]UNESCO. Operational Guidelines for the Implementation of the World Heritage Convention. Paris,1997.

[66]Silvio Mendes Zancheti.Conservation and Urban Sustainable Development. Rua do Bom Jesus:CCIUT,1999.

[67]Feilden,B.M.&Jokilehto,J.Management Guidelines for World Cultural Heritage Sites.Rome:ICCROM,1993.

[68]Weinberg,N.Preservation in American Towns and Cities.Colorado:Eestview Press,1979.

[69]Jim McCluskey.Road Form and Townscape.London:The Architectural Press,1979.J.

[70]Ian Lennox McHarg.Design with Nature. Doubleday:Natural History Press,1971.I.L.

[71]G.Broadlbent.Architecture without Architects.New York,1966.

[72]Bourdier Jean. Dwellings Settlement and Tradition. The MIT Press,1989.

[73]Kevin Lynch.Good city form. The MIT Press.Tenth Press,1996.

[74]White.L.A.the Evolution of Culture.New York,1993.

后　记

　　近年来,民居被誉为大地上"诗意的居所",越来越引起世人的关注,业界的研究也越来越多。陆元鼎教授主持整理的《中国民居建筑丛书》集中展示了业界在民居研究领域的几十年的努力与业绩,从中,人们也可以看到进入新世纪以来民居研究成果的显著增加。由我主持的"广西民居研究"(广西科学研究与技术开发项目)成果之一——《广西民居》一书于2005年出版。该书有幸作为新世纪地方民居研究的成果之一,成为中国民居研究的组成部分,反映了南疆广西的特色民居以及广西与辽阔祖国其他地方民居共同存有的中国民居特色。对这一局面,我们在开展广西民居研究之初只是有着初步的认识,在加入本丛书的出版团队之后,我们更清晰地认识到丛书出版对反映中国居住文化、研究中国民居特色的重要性。所以在2005版《广西民居》的基础上,我们调整编写思路,确定编写方案,组织精干人员,对广西民居进行再研究。在这一再研究的过程中,由我主持的"东南亚建筑研究"已经取得阶段性研究成果,其子课题之一——"东南亚民居研究"已经完成,并于2008年以《居所的图景——东南亚民居》为书名,作为"东南亚建筑与城市丛书"之一,由东南大学出版社出版。在重新编写《广西民居》时,我们吸收了"东南亚民居研究"的部分研究方法和成果,在更广泛的层面上观照、研究广西民居,以加深我们对广西民居历史、现状以及将来如何运用民居的"乡土智慧"来营造具有地域特色的现代人居环境等诸多方面的认识。

　　2005年《广西民居》出版后,我们先后收到业界热心同仁的反馈。对这些意见和建议,我们都作了认真的记录,并对照原书进行了细致的分析,这对我们的编写工作有很大的帮助。同行们对2005版《广西民居》的一些创新之处有比较好的评价,例如认为民居聚落研究、民居经济文化研究、民居的保护与利用研究等都开创了民居研究的一种新方向和新模式;而科研与生产的结合与转化(如《程阳八寨保护与发展建设规划》)也为推进当代地域居住文化发展及城乡建设有所贡献,等等。同行们也指出了2005版《广西民居》存在的问题和不足,在重新编写过程中我们注意了这些缺陷,尽量吸纳同行正确的意见和建议,以有益补不足。我们衷心感谢业界同行对我们工作的认可和关注,这是我们做好编写工作的动力之一,也是我们进一步在建筑与规划设计实践中更好地继承和发扬建筑文化传统、保护和利用地方建筑文化资源的信心所在。

　　2005年版《广西民居》是集体智慧的结晶,现在编写的新版《广西民居》同样是集体智慧的果实。首先,我们的编写人员有2005版编写人员,他们在新的实践过程中也对广西民居有了进一步的认识,对原来的部分观点进行重新认识和修正;而新加入的编写人员带着新观点、新思路为编写作了有益的补充;全峰梅、欧阳东、邱连峰承担了编写的具体工作,花费了大量的时间和精力。其次,在编写过程中,我们组织了多次讨论会,与会专家、学者对我们每一个阶段的工作都提出非常重要的意见和建议,使我们能够及时调整研究的方向,避免浪费时间、多走弯路,更使我们提高了研究水平,锻炼了研究团队,因此,我们衷心感谢这些专家和学者,他们是:广西大学罗汉军教授,广西体育局张冬梅副局长,广西城乡规划设计院朱涛副院长,广西大学韦玉娇副教授,广西华蓝设计(集团)有限公司徐兵、邹妮妮、朱炜宏副总规划师,华南理工大学博士研究生谢小英。再有,此次编写工作,得到了侯其强先生、孙永萍女士的支持和帮助,唐春意、周星好、马丹妮也在编写过程中贡献了自己宝贵的时间,我们一并致谢。

雷　翔

2009 年 7 月于南宁

作者简介

　　雷翔，城市规划博士，教授级高级规划师。广西华蓝设计（集团）有限公司董事长、总经理、总规划师，国务院"政府特殊津贴专家"、建设部专家委员会专家、广西优秀专家，华中科技大学、华南理工大学、西南交通大学、广西大学等大学兼职教授，华南理工大学亚热带建筑科学国家重点实验室研究员，《规划师》杂志主编，中国城市规划协会副会长，中国城市规划协会信息工作委员会主任委员，广西城乡规划协会理事长。

　　主持或组织了城市规划和建筑设计项目数十项。其中，《兴安城市发展战略规划》获2003年度全国优秀规划设计二等奖、广西优秀城乡规划设计一等奖；《梧州市骑楼城保护与利用规划》获2005年度全国优秀规划设计二等奖、广西优秀城乡规划设计一等奖；《南宁市荔园山庄修建性详细规划及景观规划设计》获2005年度"全国人居经典建筑规划设计方案竞赛建筑、环境双金奖"、2005年度广西优秀城乡规划设计一等奖；《柳州市官塘新区概念规划》获2005年度广西优秀城乡规划设计一等奖；《恒大·苹果园规划设计》获2007年全国人居经典建筑规划设计方案竞赛"规划、环境双金奖"；《程阳八寨保护与发展建设规划》获2007年度全国优秀城镇规划二等奖、2007年度广西优秀城市规划设计一等奖。

　　著作有《走向制度化的城市规划决策》、《热带滨海城市设计》（合著），主编《东南亚建筑与城市丛书》等学术著作，在《城市规划》、《建筑学报》、《城市规划汇刊》、《规划师》等国内外专业杂志上发表论文40余篇。